WERKSTATTBÜCHER

FÜR BETRIEBSANGESTELLTE, KONSTRUKTEURE UND FACHARBEITER. HERAUSGEBER DR.-ING. H. HAAKE, HAMBURG

HEFT 28

Das Löten

Von

Dipl.-Ing. R. v. Linde

München

Vierte Auflage
des früher von **W. Burstyn**
bearbeiteten Heftes

(19. — 24. Tausend)

Mit 50 Abbildungen

Springer-Verlag
Berlin/Göttingen/Heidelberg
1954

ISBN-13: 978-3-540-01859-9   e-ISBN-13: 978-3-642-86068-3
DOI: 10.1007/978-3-642-86068-3

Inhaltsverzeichnis.

Einleitung.

Das Löten war schon den Handwerkern des Altertums bekannt. Ägyptischen Goldschmieden war die Technik des Lötens von Schmuckstücken geläufig. Burstyn[1] weist auf den Fund eines keltischen Bronzeschwertes hin, das um 1000 v. Chr. entstand und an einer Bruchstelle nahe dem Heft mit einem helleren Metall gelötet wurde. Ausgrabungen in Pompeji brachten gelötete Bleirohre ans Tageslicht. Wir wissen ferner, daß schon die Römer verschiedene Zinnlote kannten. So gab es ein Lot „Argentarium“, das gleiche Teile Blei und Zinn enthielt und ein „Tertiarum“, bei dem ein Teil Zinn mit zwei Teilen Blei legiert war. Beide Lote sind auch noch heute gebräuchlich.

Was damals nach Legierung und Anwendung ein streng gehütetes Geheimnis war, ist heute zwar Allgemeingut der Techniker, und die Industrie kann für jeden Sonderfall die geeigneten Hilfsmittel, Geräte, Lote und Flußmittel liefern. Dennoch ist das Löten mehr als andere Arbeitsverfahren von der Kunstfertigkeit und dem Wissen des Arbeiters abhängig. Dieses zu vertiefen, die Antwort auf die Frage nach dem Grunde oft nur mechanisch erlernter Maßnahmen zu geben, soll der Zweck dieses Werkstattbuches sein.

I. Begriffe und Wesen des Lötens.

Das Löten dient zur Herstellung einer festen *metallischen Verbindung* zwischen mehreren Metallteilen oder auch zum Ergänzen, Verschließen, Ausflicken eines Werkstückes durch ein metallisches Verbindungs- oder Auftragsmaterial — *das Lot.*

Das Löten erfolgt durch *Erwärmen der Lötstelle* auf eine Temperatur, bei der die zu verbindenden Teile oder das Werkstück noch fest sind, dagegen das füllende Metall schon weitgehend oder vollständig geschmolzen ist. Es unterscheidet sich von der autogenen Metallverbindung, z. B. dem Schmelzschweißen, insbesondere dadurch, daß das Werkstück bei der Verbindung nicht angeschmolzen wird. Daraus folgt, daß die Löttemperatur für ein gegebenes Metall wesentlich unter seiner Schweißtemperatur liegt. Ferner wird beim autogenen Verbinden oft der gleiche, mindestens aber ein ähnlicher Werkstoff verwandt, während die Zusammensetzung der Lote meist sehr stark von der der Werkstücke abweicht.

Die feste oder dichte Verbindung des Auftragsmaterials mit dem Werkstück, die wir bei der Lötung erzielen wollen, beruht wohl in erster Linie auf einer sehr innigen *Anlagerung des Lotes an die Oberfläche* des Werkstückes, wobei nicht nur die groben Poren ausgefüllt werden, sondern das Lot auch in die feinsten Zerklüftungen eindringt.

Bei sehr kleinem Abstand der Lot- und Werkstückteilchen werden *molekulare Anziehungskräfte* wirksam, die ein starkes Festhaften (Adhäsion) ergeben. Darauf beruhen z. B. auch Kitten, Kleben und das Haften von galvanischen Überzügen. Ähnlich den Vorgängen beim Löten füllt das aufgetragene Mittel alle Mikroräume der Oberfläche aus. So wird eine feste Haftung selbst auf Nichtmetallen erzielt.

---

[1] Die ersten drei Auflagen dieses Heftes wurden von Prof. Dr. Walter Burstyn bearbeitet und sind 1927, 1940 und 1944 erschienen.

Man denke nur an die unlösbare Verbindung der Versilberung auf Porzellangeschirren. Eine Legierungsbildung ist hierbei vollkommen ausgeschlossen. Auch beim Löten treffen wir auf Stoffpaarungen, bei denen die Verbindung im wesentlichen auf solchen Adhäsionskräften beruht.

In den meisten Fällen wird die auf Oberflächenkräften beruhende Festigkeit durch *Legierungsbildung* erhöht. Die Voraussetzung für die Entstehung solcher metallischer Verbindungen ist die Löslichkeit eines oder mehrerer Lotbestandteile im Metall des Werkstückes bei der Löttemperatur.

Die gute Anpassung des Lotes an die Oberfläche und die Bildung von Legierungen setzen *saubere Flächen* am Werkstück voraus. Oxydbeläge, welche das Metall an der Verbindungsstelle bedecken oder sich beim Erwärmen bilden, müssen entfernt, und ihre Neubildung muß durch Abschluß des heißen Metalls von der Luft vermieden werden. Säuberung und Verhinderung des Luftzutritts sind Aufgaben, die das *Flußmittel* zu erfüllen hat. Es muß so gewählt werden, daß es durch chemischen Angriff bei der Löttemperatur eine möglichst metallisch reine, also vollkommen oxydfreie Oberfläche schafft und diese bis zur Beendigung des Lötvorganges sauber hält.

Wenn man einmal absieht von den mannigfachen Möglichkeiten, die Lötstelle zu erwärmen — durch Flammen, Berührung mit heißen Körpern, auf elektrischem Wege durch Widerstandswärme oder Induktion, im Feuer oder im Ofen — läßt sich das Gebiet des Lötens in zwei große Gruppen einteilen: das *Weich-* und das *Hartlöten*. Diese allgemein übliche Einteilung hat eine gewisse Berechtigung insofern, als die Schmelzbereiche der Weich- und Hartlote weit auseinander liegen. Während Weichlote im allgemeinen unterhalb 300° C schmelzen, liegt das Temperaturfeld der Hartlote über 550° C und hat seine obere Grenze bei etwa 1100° C. Neben den Temperaturbereichen sind auch die verwendeten Stoffe, sowohl Lote als Flußmittel, schließlich auch die erzielbaren Festigkeiten, grundverschieden.

Im englischen Sprachgebrauch wird das Weichlöten (to solder) von dem Hartlöten (to braze) noch deutlicher unterschieden. Dabei sei erwähnt, daß das deutsche „Löten‟ sprachlich verwandt ist mit dem englischen Wort für Blei, nämlich „lead‟, das auch bei uns noch im „Lot‟ als Gewichtsbezeichnung und dem „Senklot‟ der Maurer erhalten ist.

Trotzdem die Grenze keineswegs scharf ist, soll die übliche Einteilung in Weich- und Hartlöten auch hier beibehalten werden.

Sehr wesentliche Unterschiede, die vor allem auf die dichte Oxydhaut der Leichtmetalle und die große Geschwindigkeit ihrer Neubildung zurückzuführen sind, machen eine getrennte Behandlung des Lötens von *Schwer-* und *Leichtmetallen* erforderlich.

II. Das Weichlöten der Schwermetalle.

A. Lote.

1. Zinnlote. Zum Weichlöten der Schwermetalle werden fast ausschließlich Lote verwendet, die im wesentlichen aus *Blei*[1] und *Zinn* zusammengeschmolzen — legiert — sind. Solche Lote werden, auch wenn sie in der Mehrzahl der Fälle mehr Blei als Zinn enthalten, als *Lötzinn* angesprochen und nach ihrem Gewichts-

---

[1] Chemische Symbole der in diesem Werkstattbuch vorkommenden Elemente: Al Aluminium; Sb Antimon (lat. stibium); As Arsen; Ba Barium; Pb Blei (lat. plumbum); B Bor; Cd Kadmium; Ca Kalzium; Cl Chlor; Cr Chrom; Fe Eisen (lat. ferrum); F Fluor; K Kalium; Co Kobalt; C Koblenstoff (lat. carbo); Cu Kupfer (lat. cuprum); Mg Magnesium; Mn Mangan; Mo Molybdän; Na Natrium; Ni Nickel; P Phosphor; O Sauerstoff (lat. oxygenium); S Schwefel (lat. sulfur); Ag Silber (lat. argentum); Si Silizium; N Stickstoff (lat. nitrogenium); H Wasserstoff (lat. hydrogenium); Bi Wismut (lat. bismutum;) W Wolfram; Zn Zink; Sn Zinn (lat. stannum).

Tabelle 1. *Genormte Blei- und Zinnlote* (nach DIN 1707*).

Unter Blei- und Zinnloten werden Weichlote aus Blei- oder Zinn–Bleilegierungen verstanden, die zum Löten von Schwermetallen und deren Legierungen dienen. Die Legierungen können außer zum Löten auch zur Herstellung von Überzügen verwendet werden.

Bezeichnung von Zinnlot mit 40% Zinn: LSn 40 DIN 1707

| Benennung | Kurzzeichen | Zusammensetzung % | | | | | Arbeitstemperatur mindestens °C | Wichte kg/dm³ | Verwendungsbeispiele |
| | | Sn | Sb | Fe | Cu+As +Ni | Pb | | | |
				höchstens					
Bleilot 98,5	**LPb 98,5**			siehe		98,5	320	11,2	
Zinnlot 8	**LSn 8**	8	0,5	Anmerkung[1]		Rest	305	10,8	
Zinnlot 25	**LSn 25**	25	1,70	0,05	0,10	Rest	257	9,8	Nur für Flammenlötungen geeignet
Zinnlot 30	**LSn 30**	30	2,00	0,06	0,12	Rest	249	9,6	Spachtellötungen
Zinnlot 33	**LSn 33**	33	2,20	0,07	0,14	Rest	242	9,5	Schmierlötungen
Zinnlot 35	**LSn 35**	35	2,30	0,07	0,15	Rest	237	9,5	
Zinnlot 40	**LSn 40**	40	2,70	0,08	0,16	Rest	223	9,3	
Zinnlot 50	**LSn 50**	50	3,30	0,09	0,18	Rest	200	8,8	Verzinnung von Drähten für elektro-
Zinnlot 60	**LSn 60**	60	3,20	0,10	0,20	Rest	185	8,5	technische Zwecke
Zinnlot 90	**LSn 90**	90	1,30	0,10	0,20	Rest	219	7,5	

Die Angaben über Arbeitstemperatur und Wichte sind nur Ungefährwerte.

[1] Für Sonderzwecke sind auch Lote mit anderen als in der Zahlentafel aufgeführten Zinngehalten üblich, z. B. LSn 55. Für diese sollen die allgemeinen Bestimmungen (siehe unten) sinngemäß gelten. Bei Zinnloten mit weniger als 25% Zinn dürfen die für LSn 25 angegebenen Höchstwerte von Fe und Cu + As + Ni nicht überschritten werden, während der Antimongehalt 6,5% des Zinngehaltes betragen darf. Bei Zinnloten mit mehr als 25% Zinn sind, soweit sie nicht in der Zahlentafel aufgeführt sind, die zulässigen Höchstwerte dieser Verunreinigungen durch Einsetzen der Zwischenwerte aus der Zahlentafel zu gewinnen.

Statt **Bleilot 99,985** wird Pb 99,985 DIN 1719 verwendet und statt **Zinnlot 98** und darüber (z. B. für Verzinnung von Drähten für elektrotechnische Zwecke) Sn 98 oder Sn 99 DIN 1704.

Zulässige Abweichung des Zinngehaltes vom angegebenen Wert: ± 0,5% vom Ganzen

Zinnlot muß frei sein von Aluminium und Zink.

Eine Herabsetzung des angegebenen Höchstgehaltes von Antimon muß besonders vereinbart werden. Es empfiehlt sich z. B. für Lötungen an Zink vorzuschreiben, daß der Antimongehalt höchstens 1% des Zinngehaltes betragen soll.

Lieferart: in Blöcken, Platten, Bändern, Folien, Stangen, Volldraht, Hohldraht mit Flußmittelseele, Staub, Pillen aus Staub und Flußmittel.

* *Anmerkung:* Maßgebend ist die neueste Auflage dieses DIN-Blattes, die vom Beuth-Vertrieb, Berlin W 15 oder Köln zu beziehen ist.

anteil an Zinn bezeichnet. Eine Blei–Zinn-Legierung mit 40 Gewichtsprozent Zinn heißt nach den DIN-Normen (Tabelle 1) Zinnlot 40 oder L Sn 40. Auch im Auslande wird der Zinngehalt bei der Benennung meist vorangestellt.

Neben dem Zinn und Blei ist in vielen Weichloten von der Herstellung her ein Anteil an *Antimon* enthalten. Der vom Mischzinn herrührende Antimongehalt würde bei L Sn 40 2,7% betragen. Ein gutes Lot sollte weit unter diesem Antimongehalt bleiben. Amerikanische Normen schreiben dafür allgemein einen Höchstgehalt von 0,1% und für Wischlote 0,4% Sb vor. Ein höherer Gehalt an Antimon macht das Lot zwar fester, zugleich aber auch spröder und mag nur für gewisse Verwendungszwecke (vgl. Abschn. 5, S. 10) angebracht sein. Es ist aber mehr als zweifelhaft, ob sein Vorhandensein zur Verbesserung der *allgemeinen* Eigenschaften der Lote beiträgt. Mit Recht grenzen ausländische Normen daher den Gehalt an Sb enger ein oder schließen ihn ganz aus.

Auch andere Beimengungen beeinflussen die Loteigenschaften. Die allgemeine Wirkung von Zink, Aluminium, Kadmium, Kupfer, Eisen, auch Arsen, machen die Lote zähflüssig, grobkristallig oder schaumig. Sie sollten in guten Loten nicht enthalten sein.

Kupfer und Eisen lösen sich oft erst während des Gebrauchs in dem Lot, wenn z. B. in Tauchbädern gelötet wird. Dabei legiert sich stets ein kleiner Anteil der eingetauchten Gegenstände mit dem Lot. Das Bad wird schließlich soweit angereichert, daß es dickere und schlechtere Überzüge liefert und erneuert werden muß.

Das hochprozentige Lötzinn mit 90% Zinngehalt verdankt seine Berechtigung der *giftigen Wirkung von Blei* und Bleisalzen auf den menschlichen Körper. Es ist daher behördlich vorgeschrieben, daß Metallgegenstände, die mit Speisen in Berührung kommen, höchstens 10% Blei enthalten dürfen. Wo also Lebensmittelbehälter mit Zinnlot zu überziehen oder zu löten sind, ist reines Zinn oder für die Lötung mindestens 90% erforderlich.

Im Umgang mit stark bleihaltigen Loten ist eine gewisse Vorsicht, insbesondere Reinlichkeit am Platze. Vor allem sei auf die Schädlichkeit von Bleidämpfen hingewiesen, die sich über Lötbädern z. B. beim Tauchlöten von Kühlern, aber auch bei anderen Lötvorgängen entwickeln. Gute Absaugung der Dämpfe und vorbeugende Maßnahmen wie Milchgenuß sind hier notwendig. Nach Lötarbeiten, hauptsächlich vor jedem Genuß von Speisen, müssen die Hände sorgfältig gewaschen werden!

2. Schmelzverhalten der Blei–Zinnlegierung. Reines Blei schmilzt bei 327° C, Zinn bei 232° C. Bei diesen Temperaturen geht das feste Metall bei Zufuhr von Wärme unmittelbar in den flüssigen Zustand über. Fügt man Zinn zu dem Blei oder umgekehrt, so wird dabei das Schmelzverhalten grundlegend verändert. Zunächst sinkt die Temperatur, bei der die Legierung vollkommen geschmolzen ist. Im Gegensatz zu den reinen Metallen haben die meisten Legierungen, darunter auch die hier zu behandelnden Blei–Zinnlote, keinen festen Schmelzpunkt. Erwärmt man sie, so beginnen sie bei einer bestimmten Temperatur (dem Soliduspunkt = Erstarrungs- oder unteren Schmelzpunkt) zu schmelzen, d. h. ein Teil des Lotes beginnt flüssig zu werden, während feste Körper darin verbleiben, die bei weiterer Steigerung der Temperatur sich mehr und mehr in der Schmelze lösen, bis an einem bestimmten Punkt (dem Liquiduspunkt = Flüssigkeits- oder oberen Schmelzpunkt) die ganze Legierung flüssig ist. In dem Temperaturgebiet zwischen diesen beiden Punkten, dem Schmelzbereich, durchwandert das Lot also Zustände, die vom dicken Kristallbrei bis zum dünnflüssigen Metall reichen. Nur eine bestimmte Legierung — die *eutektische* (griech. = besonders flüssig) genannt — wird wie das reine Metall bei einer *bestimmten* Temperatur unmittelbar aus dem festen Zustand flüssig. Es ist dies zugleich die niedrigste Temperatur, bei der eine Legierung aus zwei Metallen schmelzen kann. Im Zinn–Bleisystem (reine Zinn–Blei-Legierungen) hat die eutektische Legierung die Zusammensetzung 62% Sn, Rest Blei. Sie schmilzt bei 181°C.

Kühlt man umgekehrt ein flüssiges Lot ab — wie es beim praktischen Löten der Fall ist —, so scheiden sich, wenn die Temperatur unter den Liquiduspunkt sinkt, zunächst Blei- *oder* Zinnkristalle ab und zwar je nachdem, ob Blei oder Zinn im Vergleich zur eutektischen Zusammensetzung im Überschuß vorhanden ist. Das setzt sich fort, bis bei der Temperatur des Soliduspunktes nur noch Lot eutektischer Zusammensetzung flüssig ist und nun erstarrt. Diese Darstellung trifft für die meisten Lötzinnzusammensetzungen zu. Von 19,5% bis 97,5% Zinngehalt liegt der Erweichungspunkt (Soliduspunkt) bei der eutektischen Temperatur von 181° C. Oberhalb dieser Temperatur muß man sich das Lot als einen mehr oder weniger dicken Brei vorstellen. Über 181°C ist also für Lote von rd. 20 bis 98% Sn *keine Festigkeit* der Lötverbindung mehr zu erwarten. Die Temperaturen, bei denen reine Zinn–Blei-Legierungen ihre Zustände ändern, sind in dem Schaubild Abb. 1 dargestellt. Es ist für die Beurteilung fast aller Fragen der Weichlote von größter Bedeutung.

Verfolgen wir z. B. für das 40/60 Lot (LSn 40) die Vorgänge bei der Erwärmung, so sehen wir, daß das Lot bis zum Punkt 1 (Temp. 181°C) fest ist. In Punkt 2 (Temp. 235° C) ist das Lot vollkommen flüssig. Der Schmelzbereich 1—2 ist also 235° C—181°C = 54° C.

Beim Erwärmen schmilzt im Punkt 1 alles, was sich in dem 40% Zinn und 60% Blei enthaltenden Lot zur eutektischen Legierung (mit 62% Sn und 38% Pb)

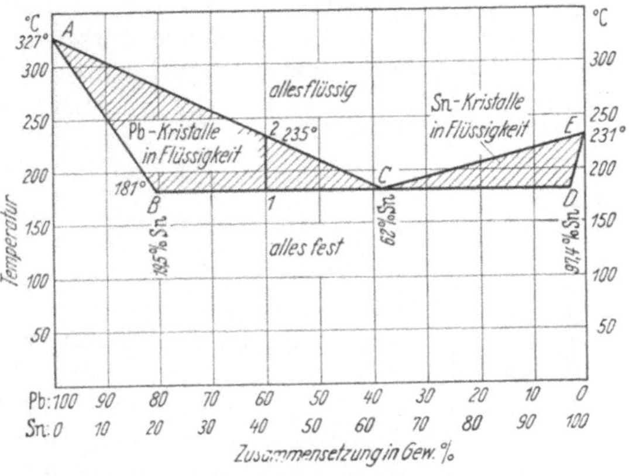

Abb. 1. Zustandsschaubild der Blei–Zinn-Legierungen.
A B C D E : Soliduslinie
A C E : Liquiduslinie
Eutektischer Punkt *C*.
In den schraffierten Feldern sind feste und flüssige Bestandteile der Legierung nebeneinander vorhanden.
Dreieck *A B C*: Schmelze + Bleikristalle.
Dreieck *C D E*: Schmelze + Zinnkristalle. Gefüge unter *A B C*: Eutektikum mit Bleikristallen, Gefüge unter *C D E*: Eutektikum mit Zinnkristallen.
Beispiel: LSn 40, d. i. ein Lot mit 40% Zinn u. 60% Blei.
1 Solidluspunkt, 181° C, Übergang vom festen in den teigigen Zustand;
2 Liquiduspunkt, 235° C, Übergang vom teigigen in den flüssigen Zustand.

vereinigen kann. Mit 40 Teilen Zinn können sich von den 60 Teilen Blei 40 · 38/62 = 24,5 Gewichtsteile zu der eutektischen Legierung verbinden, die restlichen 60—24,5 = 35,5 Teile Blei bleiben als feste Bleikristalle in dem flüssigen Eutektikum und lösen sich bei steigender Temperatur zunehmend auf, bis sie bei 235° C alle gelöst sind. Entspricht die Zusammensetzung eines Lotes der eutektischen Legierung (Punkt C), so wird das Lot bei der Temperatur von 181° C ohne Schmelzbereich flüssig. Alle anderen Lote haben eine höhere Liquidustemperatur, also ist die eutektische Legierung diejenige, welche bei niederster Temperatur ganz geschmolzen werden kann. Sie ist daher dort anzuwenden, wo temperaturempfindliche Teile zu löten sind. Da kein Schmelzbereich durchlaufen werden muß, erstarren diese Lote auch in der kürzesten Zeit. Daher ist das eutektische Lot oder das ihm naheliegende Zinnlot LSn 60 auch für Lötungen der Elektrotechnik angebracht.

Den weitesten Schmelzbereich hat ein Lot mit rd. 20% Zinn, nämlich 280° C bis 181° C, also fast 100° C. Tabelle 3 (S. 11) gibt für eine Reihe von Weichloten, geordnet nach den oberen Schmelzpunkten, den Schmelzbereich an.

Lote mit *großem* Schmelzbereich sind besonders da erforderlich, wo die Legierungen möglichst lange weich, d. h. noch wisch-, schmier- oder leicht verformbar sein sollen, z. B. beim Wischverzinnen, wo das erwärmte Lot mit einem Lappen auf der Oberfläche verwischt wird oder bei Modellierarbeiten, z. B. beim Ausfüllen von Spalten an Karosserien. In der Praxis wählt man hierfür meist die 30—40% Sn enthaltenden Lote, die, wie Abb. 1 zeigt, immer noch einen erheblichen Schmelzbereich haben. Es wurde schon darauf hingewiesen, daß die Lote in diesem Temperaturgebiet praktisch keine Festigkeit mehr aufweisen. Das bedeutet, daß die zu verbindenden Teile beim Abkühlen erst fest miteinander verbunden sind, wenn die Soliduslinie erreicht ist, und daher bis zu diesem Zeitpunkt in ihrer Lage zueinander gehalten werden müssen.

3. Ausbreitvermögen. Neben dem Schmelzbereich sind noch andere Eigenschaften für die Auswahl des Lotes entscheidend. Das Vermögen, auf dem Werkstück leicht zu verlaufen, sich gut auszubreiten, ist z. B. der Hauptgrund für die Bevorzugung der 40—50% Lote in der Praxis. Mit solchen Loten läßt sich sauberer und schneller arbeiten als mit weniger gut laufenden Legierungen. Ersparnis an Lot und Arbeitszeit wiegen oft die Mehrkosten der teueren, mehr Zinn enthaltenden Legierungen auf. Nach amerikanischen Messungen ist das Ausbreitvermögen in Abb. 2 dargestellt. Am besten verläuft danach ein Lot mit 40% Zinn. Wenn man den Höchstwert mit 100 einsetzt, hat ein 50% Lot noch 95% des Ausbreitvermögens, unter 40% Zinn aber fällt die Kurve ziemlich steil ab.

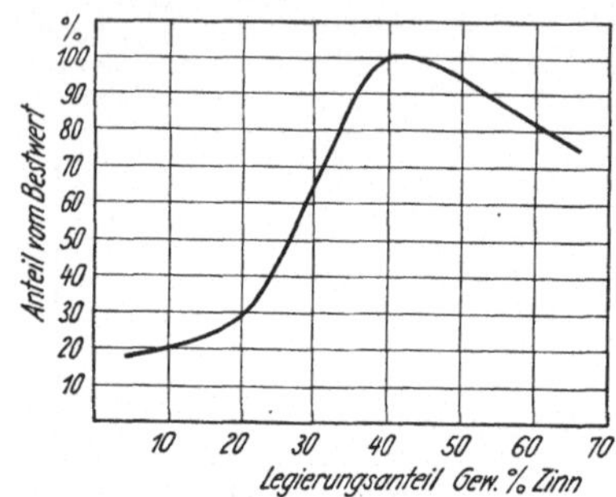

Abb. 2. Ausbreitvermögen verschiedener Blei-Zinnlote.

4. Festigkeitsverhalten. So unwahrscheinlich es klingen mag: Über die tatsächlichen Festigkeitseigenschaften von Weichloten liegen fast keine Untersuchungen im Schrifttum vor, und in der Praxis herrschen darüber ganz falsche Vorstellungen. Dem Praktiker, der einwandfreie Weichlötungen herstellen will, und dem Konstrukteur, der Lötstellen zu bemessen hat, kann nicht dringend genug empfohlen werden, sich mit den nachfolgend geschilderten Verhältnissen vertraut zu machen.

a) Abhängigkeit von der Zeit. Bekannt sind meistens nur die Werte für die Zerreißfestigkeit im Kurzversuch bei Raumtemperatur. Abb. 3 gibt solche Werte für verschiedene Blei-Zinnlegierungen in Abhängigkeit vom Zinngehalt. Im Kurzversuch wurden für die meist verwendeten Legierungen zwischen 30—60% Zinn 4—4,5 kg/mm² bei 20° C ermittelt. Diese Werte sind aber für die Bemessung von Lötnähten vollkommen ungeeignet, weil die Belastungsdauer bei den Weichloten eine viel größere Rolle spielt als bei irgend einem anderen metallischen Werkstoff der Praxis. Entscheidend für die Haltbarkeit der Verbindung sind die Werte, die sich bei lang anhaltenden Beanspruchungen ergeben, denn so ist fast jede Lötstelle der Praxis belastet. Zwischen dieser Festigkeit, mit der die Praxis rechnen muß, und der im Kurzversuch ermittelten bestehen aber oft Unterschiede von 1:20!

Als der Verfasser nach der Ursache von Undichtheiten suchte, die an neuen Geräten bei der Ankunft beim Kunden auftraten, nachdem sie bei der Fabrikkontrolle noch ganz einwandfrei dicht waren, konnte er die Ergebnisse der Festigkeitsprüfung kaum glauben. Jede stärker belastete Weichlötstelle reißt nämlich nach einer genau von der Spannung abhängigen Zeit. Diese Abhängigkeit zeigt Abb. 4. Eine mit LSn 40 hergestellte überlappte Lötstelle, die auf der Zerreißmaschine bei kurzer Belastung je mm² Lötstelle 4 kg Scherkraft aushält, kann, wenn sie auf die Dauer halten soll — welche Lötung sollte das nicht ? — nur mit 0,2—0,3 kg/mm² Scherfestigkeit beansprucht werden. (Zum Vergleich: geglühtes Kupfer hat etwa die 70fache Festigkeit.)

Ein ähnliches Verhalten zeigen alle Lote auf Blei-Zinngrundlage. Das bedeutet, daß eine Weichlötstelle wenig geeignet ist, mechanische Kräfte zu übertragen oder Spannungen aufzunehmen. Kräfte sollten daher *konstruktiv* durch andere Mittel z. B. Falze, Bördel, Niete aufgenommen werden. Die Lötung muß dann in erster Linie abdichten. Wenn aber eine weichgelötete Verbindungsstelle schon Zug- oder Druckkräfte übertragen soll, muß die beanspruchte, kräfteübertragende Fläche durch weite Überlappung groß genug bemessen werden. Als Höchstwert sollte bei der Berechnung nicht erwärmter Lötstellen der Wert von 0,2 kg/mm² Belastung gelten. Da dieses zeitabhängige Festigkeitsverhalten der Weichlote so wichtig ist, seien hier in Tabelle 2 Werte angegeben, die von amtlichen amerikanischen· Stellen

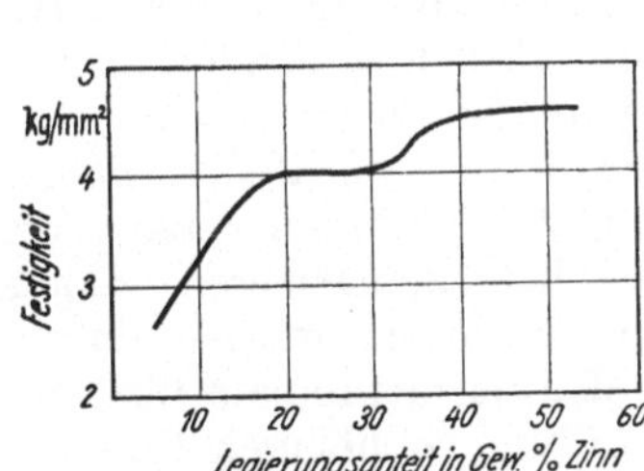

Abb. 3. Zerreißfestigkeit verschiedener Blei-Zinnlote bei Raumtemperatur und kurzzeitiger Belastung.

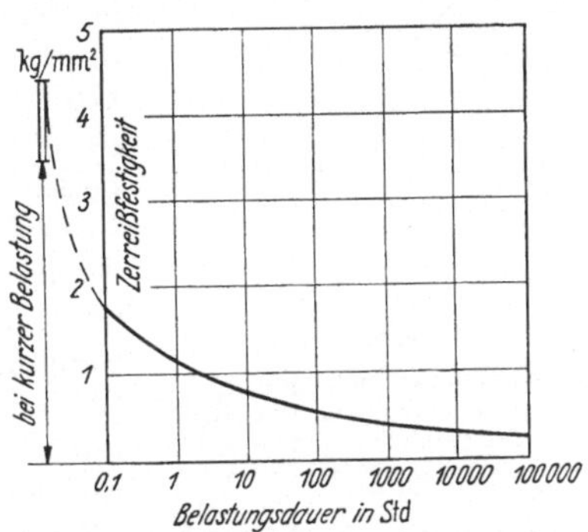

Abb. 4. Zerreißfestigkeit einer mit LSn 40 überlappt gelöteten Verbindung in Abhängigkeit von der Zeit (bei Raumtemperatur).

als „Höchstwerte" für die Scherfestigkeit bei Langzeitversuchen auf Grund umfangreicher Messungen angegeben werden.

Tabelle 2. *Zulässige Scherfestigkeit zweier Zinnlote bei langdauernder Beanspruchung und erhöhten Temperaturen (nach amerikanischen Angaben).*

Zusammensetzung %	90 Sn 10 Pb	90 Sn 10 Sb
Schmelzbereich °C	180—212	237—246
Dauerversuch bei 24 °C	0,186 kg/mm²	0,69 kg/mm²
66 °C	0,099 kg/mm²	0,45 kg/mm²
94 °C	0,077 kg/mm²	0,35 kg/mm²
122 °C	0,057 kg/mm²	0,27 kg/mm²

Bei gleichem Zinngehalt von 90%, aber Antimon als Zusatzmaterial, liegen die Festigkeiten wesentlich höher. Die Industrie ist bestrebt, Lote zu entwickeln, die eine höhere Dauerfestigkeit haben. Es sei aber darauf hingewiesen, daß die Hartlote die angegebenen Werte um das 50- bis 200fache übertreffen. Wo Festigkeitsbeanspruchungen vorliegen, sollte daher, wenn irgend möglich, hartgelötet werden.

b) Abhängigkeit von der Temperatur. Starken Einfluß hat auch die Temperatur auf die Festigkeit der Weichlötstelle (Abb. 5). Schon bei 100° C ist die Festigkeit auf die Hälfte des Wertes bei 20° C gesunken; bei 150° C unter ein Drittel dieses Wertes. Überlagert wird dieses Verhalten durch die beschriebene Zeitabhängigkeit, so daß bei höheren Temperaturen als 100° C das Zinn-Bleilot eigentlich nur mehr als Dichtungsmittel zuverlässige Dienste leisten kann. Gezeigt werden soll auch hier die Unsicherheit, mit der Festigkeitsrechnungen von Lötverbindungen behaftet sind (vgl. Abschn. 2, S. 7). Der plötzliche Verlust der Festigkeit bei 180° C ist auf den Übergang vom festen in den breiigen Zustand zurückzuführen.

Schließlich ist die Beständigkeit der Blei–Zinn-Legierung auch durch tiefe Temperaturen bedroht. Das reine Zinn kann bekanntlich bei Temperaturen unter dem Gefrierpunkt in eine andere Kristallform übergehen. Zinnteile zerfallen dabei zu grauem Pulver (Zinnpest). Durch das Hinzulegieren von Blei wird dieser Nachteil jedoch wesentlich gemildert, so daß unter unseren Temperaturbedingungen wenig Gefahr besteht.

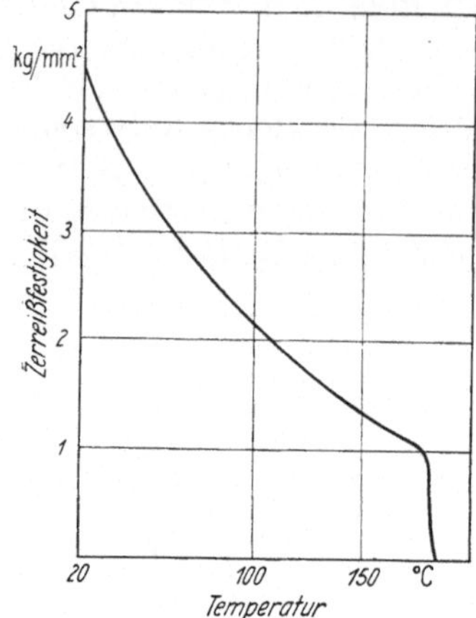

Abb. 5. Zerreißfestigkeit einer mit LSn 40 überlappt gelöteten Verbindung in Abhängigkeit von der Temperatur (bei kurzzeitiger Belastung, Zerreißgeschw. 5 mm/min).

5. Weichlote für Sonderzwecke. Die überwiegende Zahl aller Weichlote besteht aus Legierungen des Blei–Zinnsystems. Die geringe Festigkeit dieser Gruppe bei erhöhten Temperaturen hat zu anderen Weichloten geführt, die sich in dieser Hinsicht besser verhalten und sich in Sonderfällen gut bewährt haben. Während Zinn–Bleilote mit 20—98% Sn einen Soliduspunkt von 181° C haben und dort ihre Festigkeit verlieren, steigt der Erweichungspunkt bei zinnärmeren Loten an (Abb. 1, S. 7). Gelegentlich werden daher Lote mit 2···5% Sn, also aus fast reinem Blei, dort verwendet, wo die Lötung bei höheren Temperaturen beansprucht wird, z. B. an Lamellensystemen von Wasserheizern und Armaturteilen.

Für Fälle, in denen größere Beanspruchungen bei höheren Temperaturen auftreten, hat sich auch ein Lot aus Zinn mit 5% Antimon bewährt. Es hat einen Schmelzbereich von 232···238° C (vgl. Tabelle 3,) und wird als Normlot in Amerika verwendet, z. B. zum Löten von Kühlschrankleitungen, auch für andere unter Druck oder höherer Temperatur stehende Rohrleitungen, sowie an elektrischen Geräten, an denen die Lötstelle warm wird. Tabelle 2 (S. 9) gibt Aufschluß über das überlegene *Festigkeits*verhalten eines Zinnlotes mit hohem Antimongehalt.

Zink- und kadmiumhaltige Lote haben eine geringere industrielle Bedeutung. Kadmium hat zwar einen niedrigen Schmelzpunkt und ist auch in den Legierungen ziemlich hart, ist vor allem billiger als Zinn, aber es wird leichter angegriffen und dunkelt nach. Ferner sind seine Dämpfe giftig. Eine Legierung von 80% Pb, 10% Sn und 10% Cd hat etwa die Festigkeit von LSn 50. Für die Lötung von Zink und verzinktem Eisen sind kadmiumhaltige Lote denen auf Blei–Zinn-Basis überlegen, dagegen sind hier antimonhaltige Lote zu vermeiden.

Ein Bestandteil, der die Lote sehr verbessern kann, ist Indium. Geringe Zusätze erhöhen Härte und Festigkeit, senken den Schmelzpunkt und verbessern das Ausbreit- und Benetzungsvermögen des Lotes.

Der Verfasser hat schon 1930 für höhere Anwendungstemperaturen Blei–Silberlote vorgeschlagen, untersucht und verwendet, die rd. 2% Silber enthielten und bei rd. 325° C schmelzen. Diese Lote werden heute häufiger verwendet. In USA sind Lote üblich mit 1,5, 2,5 und 5% Silbergehalt bei höchstens 0,4% Antimon. Einige dieser Lote sind in Tabelle 3 angegeben. Diese Tabelle enthält auch eine Reihe von niedriger schmelzenden Loten, die zur Senkung des Schmelzpunktes insbesonders Wismut (Schmelzpunkt 271° C) und Kadmium (Schmelzpunkt 321° C) enthalten. Trotzdem der Schmelzpunkt der reinen Metalle ziemlich hoch ist, haben die Legierungen oft sehr niedrige Schmelzbereiche. Verwendet werden sie als

Tabelle 3. *Verschiedene Weichlote für Sonderzwecke*
(genormte Lote siehe Tabelle 1).

% Sn	% Pb	% Ag	% Sb	% Bi	unterer Schmelzp. °C	oberer Schmelzp. °C
—	95	5	—	—	305	360
—	100	—	—	—	reines Pb	327
—	97,5	2,5	—	—	eutekt. Leg.	305
20	78,7	1,3	—	—	181	276
27	70	3	—	—	178	253
95	—	—	5	—	232	238
35	63	—	2	—	187	237
100	—	—	—	—	reines Sn	232
90,1	8,9	—	1	—	178	219
50,1	46,6	—	3,3	—	182	200
60,1	36,7	—	3,2	—	181	185
16	32	—	—	52	eutekt. Leg.	96°
13	27	10% Cd		50	—	70°

Schmelzlegierungen z. B. zum Auslösen selbsttätiger Feuerlöschorgane oder als Temperatursicherung in elektrischen Leitungen. Das Löten von Zinngegenständen und die Herstellung von Verbindungen oder Verschlüssen an besonders wärmeempfindlichen Teilen sind weitere Anwendungsgebiete.

Ähnliche Legierungen werden als Füllung beim Biegen von Rohren verwendet. Der Rohrinhalt wird später durch Erhitzen wieder ausgeschmolzen. Ferner sind diese niedrig schmelzenden Legierungen geeignet für Abgüsse von Holzmodellen, da sie nicht schwinden oder auf Grund ihres Wismutgehaltes sogar wachsen.

6. Lieferformen. Von einer Herstellung der Lote in der eigenen Werkstatt kann nur abgeraten werden, denn schon ganz geringe Beimengungen in den vermeintlich reinen Ausgangsmetallen, insbesondere bei Abfällen, können sich nachteilig auswirken. Im Handel sind heute alle Arten der Lote erhältlich.

Außerordentlich vielfältig ist die Lieferform der Lote. Pulver aller Körnungen, Stäbe und Drähte verschiedener Querschnitte und Stärken, sowie Folien und schließlich Barren für Lot und Verzinnungsbäder sind handelsüblich. Dazu kommen die gebrauchsfertigen Lötpasten und die mit Flußmittel gefüllten Stäbe, auf die weiter unten noch eingegangen wird.

B. Flußmittel.

7. Aufgabe der Flußmittel. Die Güte einer Lötung beruht weitgehend auf der Sauberkeit der zu lötenden Stellen. Selbst wenn die Metalloberfläche mechanisch bearbeitet ist oder sauber erscheint, ist sie doch fast immer mit einer dünnen, wenn auch oft unsichtbaren Schicht, meist aus Metalloxyden, bedeckt. Dieser Belag verhindert die unmittelbare Berührung zwischen Werkstück und Lot und muß daher entfernt werden.

Das Flußmittel soll auf der heißen Lötstelle verfließen und die vorhandenen Oxyde lösen. Ebenso muß das aufgetragene flüssige Lot von seiner Oxydhaut befreit werden, damit es völlig sauber unter der Flußmittelschicht in den Lötspalt einfließen kann. Das Flußmittel muß die Lötstelle während dieses Lötvorganges gegen jeden Luftzutritt abschließen, so daß sich keine neuen Oxyde bilden können. — Nur unter diesen Bedingungen kann das Lot das Grundmetall gut benetzen und später fest daran haften.

Damit das Flußmittel diese Forderungen erfüllen kann, muß es oxydlösende Stoffe enthalten, und bei der Arbeitstemperatur der Lote schon gut flüssig sein. Ist das nicht der Fall, so werden die Oxyde nur unvollkommen gelöst, Einschlüsse fester Teile bleiben im Lötspalt und die Lötung wird fehlerhaft. Andererseits verdampfen die oxydlösenden Salze mancher Flußmittel bei zu hohen Temperaturen und haben keine Wirkung mehr. Deshalb verwendet man im Temperaturbereich des Hartlötens andere Flußmittel (die später besprochen werden sollen) als beim Weichlöten.

Für manche Zwecke wird verlangt, daß das Flußmittel keine *anorganischen* Säuren enthält und seine Rückstände nicht korrodierend auf das Metall wirken. Nach diesem Gesichtspunkt wird auch die übliche Einteilung der Flußmittel in die meist gebräuchlichen „säurehaltigen" und die „säurefreien" vorgenommen.

8. Säurehaltige Flußmittel. An erster Stelle unter den gebräuchlichen Flußmitteln steht die Salzsäure mit ihren Salzen. Sie kann, mit gleichen Raumteilen Wasser verdünnt, sofort angewandt werden. Meist wird sie in ihrer Verbindung mit Zink, dem Chlorzink oder Zinkchlorid ($ZnCl_2$), verwendet. Dieses ist ein wasseranziehendes weißes Salz, das, mit Wasser verdünnt, Hauptbestandteil des üblichen *Lötwassers* ist.

Chlorzink schmilzt nach Verdampfen des Wassers bei 260° C und ist oberhalb dieser Temperatur ein ausgezeichnetes Reinigungsmittel. Für niedriger schmelzende Lote ist sein Schmelzpunkt zu hoch. Um diesen zu senken, wird das Zinkchlorid mit Salmiak (Ammoniumchlorid = NH_4Cl) gemischt verwendet. Salmiak ist ebenfalls ein käufliches Salz, das in stückiger Form auch zum Reinigen von Lötkolben und in geschmolzener Form als Abdeckung von Bädern benutzt wird. Sein Zusatz senkt die Schmelztemperatur des Salzgemisches bis auf 180° C, so daß ein chlorzink- und salmiakhaltiges Lötwasser für alle Blei–Zinnlote geeignet ist, da die Arbeitstemperatur dieser Lotgruppe, wie oben ausführlich dargestellt wurde, stets über der eutektischen Temperatur von 181° C liegt. Ein Zusatz von Salzsäure erhöht die Wirksamkeit des Flußmittels erheblich.

Der Klempner stellt das Lötwasser meist selbst her, indem er Zinkabfälle in Salzsäure löst, bis das Schäumen aufhört. Diese Arbeit sollte im Freien erfolgen, denn bei der Auflösung werden mit den entstehenden Gasbläschen Salzsäureteile in die Luft mitgerissen, die an Maschinenteilen und Werkzeugen verheerende Rostbildungen auslösen.

Der Zusatz von Salmiak ist aus den oben angeführten Gründen namentlich bei den niedriger schmelzenden Loten mit mehr als 30% Zinn zu empfehlen. Das beste Gewichtsverhältnis Chlorzink: Salmiak ist 3:1 bis 2:1 (theoretisch liegt das Eutektikum bei 72 Gewichtsteilen Zinkchlorid und 28 Gewichtsteilen Salmiak). Weitere Zusätze z. B. von Glycerin werden oft gebraucht, um die Verdunstung zu verzögern.

Bei der Herstellung des *Lötwassers* mischt man das als Pulver gekaufte Chlorzink und Salmiak im angegebenen Verhältnis und löst es in der 5- bis 10fachen Gewichtsmenge destillierten Wassers. Dieser Lösung können bis zu 5 Gewichtsteile Salzsäure zugegeben werden. Das Wasser ist nur Träger der darin gelösten Salze. Beim Fließen des Lotes ist es schon verdunstet und hinterläßt die geschmolzene Salzdecke.

Oft werden *Lötwasserbäder* zum Vorbehandeln der zu lötenden Teile benutzt. Insbesondere mit größerem Salzsäureanteil bildet diese Flußmittellösung ein Beizbad, in das ganze Apparateteile vor dem Verzinnen getaucht werden können, z. B. Kühler oder die Wärmetauscher von Gas-Wasserheizern. Die wirksamen Bestandteile können auch mit anderen Trägern als Wasser aufgebracht werden. Die Chloride sind dann in anderen flüssigen oder breiartigen Mitteln gelöst, z. B. in Alkohol, Glycerin, Kleistern oder mit salbenartigen Trägern, z. B. Vaseline, zu Pasten verrührt.

Eine brauchbare *Lötpaste* kann durch Auflösen von 20 Gewichtsteilen Chlorzink und 8 Teilen Salmiak in 7 Teilen Wasser hergestellt werden. Die Lösung wird in 65 Teilen bis zum Schmelzpunkt erwärmter technischer Vaseline verrührt, bis sie erkaltet ist.

Der Vorteil der chloridhaltigen *Lötpasten* und *Lötfette* liegt in ihrer einfachen Anwendbarkeit. Sie lassen sich leicht ohne zu spritzen oder zu schäumen auftragen. Sie verteilen sich gut auf der Oberfläche des Lötteils und hüllen die Lötstelle einwandfrei ein. Jedoch macht die Entfernung der Reste nach dem Löten mehr Schwierigkeiten als beim Lötwasser, da sich die fett- oder ölartigen Rückstände nur durch Abbeizen oder mit fettlösenden Chemikalien sicher beseitigen lassen. Die oft gehörte Behauptung, daß die Rückstände derartiger Lötpasten der Lötstelle später noch einen gewissen Rostschutz verleihen, trifft für chloridhaltige Flußmittel nur in besonderen Fällen zu.

Die Entfernung der *Rückstände* der säurehaltigen Flußmittel muß als Regel gelten. Dies wird aus der folgenden Überlegung ohne weiteres klar. Der Vorteil des Flußmittels liegt in seiner ätzenden und angreifenden Wirkung. Derartige Stoffe wirken aber immer auch in unbeabsichtigter Weise korrodierend auf das Metall ein, denn im chemischen Sinne sind die beabsichtigte Beizwirkung und der ungewollte Angriff miteinander nahe verwandt.

Die Chloride, die auf der kalten Lötstelle zurückbleiben, sind stark wasseranziehend. Feuchtigkeit veranlaßt aber die Abspaltung von Salzsäure, die wiederum zum Angriff auf das Metall und zuweilen zur Zerstörung der Teile führt. Dieser Vorgang geht langsam vor sich und wird vermieden, wenn man die fertige Lötstelle nachträglich gut reinigt (zunächst mit möglichst heißem Wasser oder mit ganz schwacher etwa 3%iger Salzsäure und nachher zum Neutralisieren mit schwacher Sodalösung). In vielen Fällen wird die Reinigung der Lötstelle unterlassen; dann besteht aber immer eine gewisse Gefahr, die unberechtigt oft zur Ablehnung der säurehaltigen Flußmittel führt.

Zum Löten von *rostfreiem Stahl* wird die Salzsäure zuweilen mit etwas Flußsäure gemischt verwendet, um die sehr fest haftenden Oxyde zu lösen. Die sich beim Löten entwickelnden Dämpfe sind gesundheitsschädlich. Auch Phosphorsäure wird gelegentlich als Flußmittel verwendet.

Unter den säurehaltigen Reinigungsmitteln soll noch der *Salmiakstein* erwähnt werden (Ammoniumchlorid). Er dient zum chemischen und mechanischen Reinigen des Lötkolbens.

9. Säurefreie Flußmittel.

Die Bezeichnung „säurefrei" ist nicht streng richtig, denn sie wird auch auf Flußmittel angewandt, die organische Säuren enthalten, oder auf solche, die zwar keine freie Säure, sondern Metallsalze und Verbindungen organischer Säuren enthalten, aus denen an der heißen Metallfläche die Säuren frei werden.

Die „säurefreien" Flußmittel enthalten als wirksamen Stoff in erster Linie Kolophonium, das aus dem Harz der Nadelbäume nach dem Abdestillieren des Terpentins gewonnen wird. Die in ihm enthaltene Harzsäure löst bei Löttemperatur die Metalloxyde, und das flüssige Kolophonium deckt Verbindungsstelle und Lot hervorragend ab. Füllungen mit Kolophonium sind in den flußmittelgefüllten Stäben und Drähten besonders häufig. Verglichen mit den Flußmitteln der säurehaltigen Gruppe wirkt es sehr milde, da sich seine chemische Wirkung nur auf die Lösung der Oxyde beschränkt, ohne das Metall selbst anzugreifen. Das macht die erfolgreiche Anwendung nur dort möglich, wo die Lötstelle vorher sorgfältig gereinigt oder schon vorverzinnt wurde. Bei den meisten Lötungen der Elektrotechnik ist dies der Fall, und gerade auf diesem Gebiet hat das kolophoniumhaltige Flußmittel seine Hauptanwendung. Man streut es als Pulver unmittelbar auf die Lötstelle oder löst es in Spiritus oder anderen Lösungsmitteln, wie höheren Alkoholen, Terpentin und gechlorten Kohlenwasserstoffen. Von der Verwendung von Methylalkohol sei wegen der bekannten Giftwirkung abgeraten. Wo die oxydlösende Wirkung nicht ausreicht, werden dem Kolophonium oft Beschleuniger zugesetzt, wie Anilin, Milchsäure und organische Chloride. Mit diesem Zusatz verliert das Flußmittel aber schon wieder seinen Hauptvorzug. Dieser ist die völlige Harmlosigkeit des Rückstandes nach dem Löten. Der verbleibende Rest des reinen Kolophoniums ist weder wasseranziehend, noch greift er das Metall an. Er ist auch elektrisch nicht leitend, was für die Anwendung in der Elektrofeintechnik oft sehr wichtig ist. Wenn die Harzschicht nach der Lötung entfernt werden muß, kann dies durch Waschen mit Alkohol oder Spiritus geschehen.

Im weiteren Sinne gehören auch *Fette* zu den säurefreien Flußmitteln. Bleilötungen werden oft mit Talg ausgeführt. Bei der Herstellung von feuerverzinnten Blechen — Weißblechen — und auch beim Löten spielt das Palmöl eine große Rolle. Sein wirksamer oxydlösender Bestandteil ist die mit $50 \cdots 70\%$ in ihm enthaltene Palmitinsäure.

C. Lot–Flußmittelverbindungen.

Zur Vereinfachung des Lötvorganges hat man schon vor langer Zeit Flußmittel und Lot miteinander in eine Form zu bringen getrachtet, die ihre gleichzeitige An-

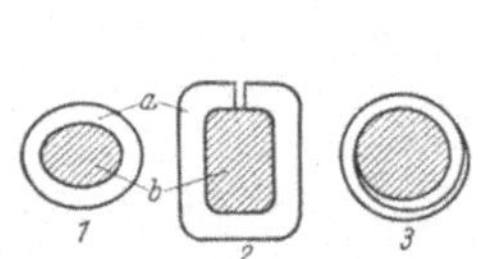

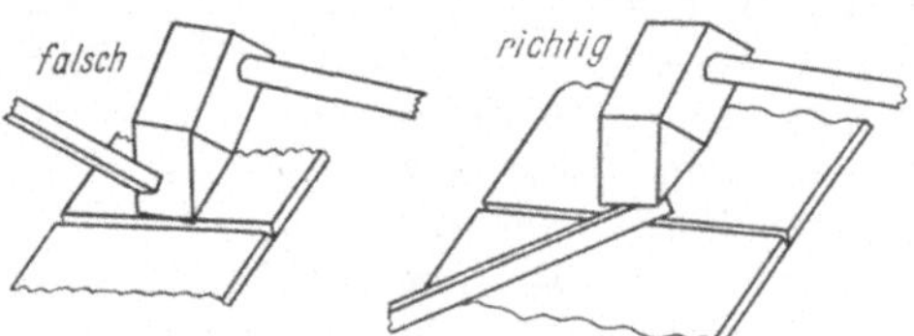

<table>
<tr><td>

Abb. 6. Flußmittelgefüllte Lötstäbe;
1 rund, nahtlos; *2* vierkant, gefaltet;
3 rund, gewickelt; *a* Lot; *b* Flußmittel.

</td><td>

Abb. 7. Arbeiten mit gefüllten Lotstäben:
Das Flußmittel soll der Lötstelle und nicht
der Kolbenbahn zufließen.

</td></tr>
</table>

wendung ermöglicht. Dabei hat sich auch gezeigt, daß die gemeinsame Zuführung beider eine Ersparnis an Lötmitteln und ein sauberes Arbeiten mit sich bringt. Das Flußmittel kann auf einen kleineren Raum beschränkt werden als z. B. bei der Aufbringung mit dem Pinsel. Zweckmäßige Formen solcher Vereinigung von Lot und Flußmittel sind Pasten oder gefüllte Hohlstäbe.

10. Lötpasten sind salbenartige Mischungen von Flußmittel mit gepulvertem Zinn, Blei–Zinn oder anderen Weichloten. Eine gute Lötpaste ergibt sich aus der innigen Verrührung der im Abschn. 8 angegebenen Flußmittel mit feingepulvertem Lot. Verwendet werden auch Mischungen von säurefreien Flußmitteln mit Lotpulver. Diese können dann auch an Stellen benutzt werden, die sonst schwer zugänglich und später nicht zu reinigen sind, z. B. an Hohlräumen.

11. Lötstäbe. Ein Röhrchen aus der Lotlegierung enthält im Inneren entweder ein säurehaltiges Flußmittel oder meist Kolophonium. Besonders in der Feinmechanik und Elektrotechnik sind diese Lötstäbe sehr beliebt. An Stelle der nahtlosen Lotrohre werden auch gewickelte Stäbe (Abb. 6) verwendet.

Flußmittelgefüllte Lötstäbe müssen anders gehandhabt werden als massive Lotstäbe. Wenn man den gefüllten Lötdraht an der Seite des Lötkolbens anschmilzt, wie dies bei getrennter Anwendung von Lot und Flußmittel üblich ist, dann läuft das Flußmittel zuerst am Kolben herunter und verbraucht sich schon, ehe es an die Lötstelle gelangt. Abb. 7 zeigt die richtige Anwendung des gefüllten Lötdrahtes: Das Flußmittel fließt unmittelbar auf der Lötstelle aus.

D. Technik des Weichlötens.

12. Wärmequellen. Die zu verbindenden Stellen und das Lot müssen auf dessen obere Schmelztemperatur erwärmt werden. Die wichtigsten Hilfsmittel dafür seien kurz beschrieben.

a) Der Lötkolben ist meist aus Kupfer hergestellt und hat die Aufgabe, die in seiner Masse gespeicherte Wärme bei Berührung mit dem Werkstück auf die Lötstelle zu leiten. Oft überträgt man auch mit dem Kolben als Werkzeug das Lot auf die Lötstelle und verteilt es dort.

Kupfer läßt sich leicht verzinnen und nimmt an den mit Zinn bedeckten Flächen einen gewissen Lotüberschuß an, der nun vom Kolben an die Lötstelle abgegeben werden kann. Kupfer vermag viel Wärme zu speichern und diese dank seines vorzüglichen Wärmeleitvermögens, das nur von dem des Silbers übertroffen wird, schnell an die Verbrauchsstelle weiterzuleiten. Kupferlegierungen sind für Kolben ungeeignet, weil schon ein geringer Gehalt an anderen Metallen die Wärmeleitzahl sehr stark verringert. Für die Herstellung der Lötkolben sollte nur Elektrolytkupfer verwendet werden.

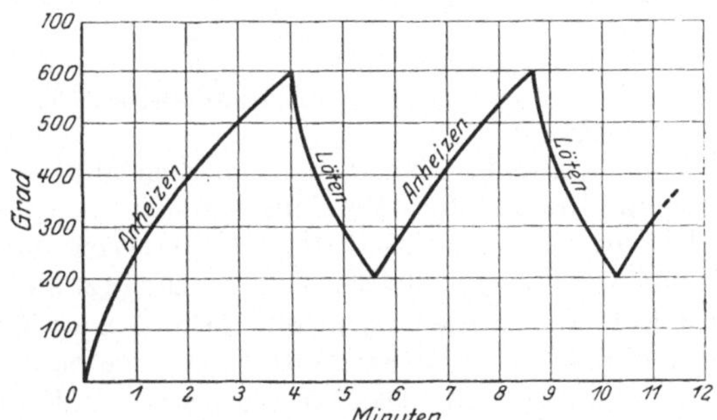

Abb. 8. Temperaturverlauf an einem Lötkolben.

Die Wärmeübertragung auf das Werkstück wird nicht nur durch die unmittelbare Berührung des Werkstücks mit der Kolbenfläche — also zweier fester Körper — bewirkt. Eine große Rolle spielt bei der Wärmeabgabe die am Kolben haftende flüssige Lotschicht. Während die Berührungsfläche bei den festen Körpern sehr klein ist und sich bei rauhen oder nicht ebenen Flächen auf ein paar Punkte beschränkt, bildet das flüssige Lot, das beide Flächen benetzt, eine sehr gute Wärmebrücke. Dem Verzinnen des Kolbens kommt daher große Bedeutung zu.

Der nicht ständig geheizte Lötkolben speichert während der Erhitzung eine bestimmte Wärmemenge, um sie beim nachfolgenden Löten an das Werkstück abzugeben, bis er zu kalt wird und wieder erwärmt werden muß. Dabei pendelt seine Temperatur zwischen 500···600°C (Beginn der Rotglut) und etwa 200°C (Abb. 8). Der Kolben sollte so groß oder besser so schwer, d. h. wärmespeichernd gewählt werden, wie für den Verwendungszweck eben angängig ist. Je schwerer er ist, um so länger kann er mit einer Aufheizung verwendet werden — um so geringer ist die Zahl der notwendigen Erwärmungen, also Arbeitsunterbrechungen. Größere Kolben sind allerdings unhandlicher und das Arbeiten damit ist ermüdender. Durch die größere Oberfläche ist auch der Wärmeverbrauch durch Abgabe an die umgebende Luft und durch Strahlung größer. So ergibt sich die Wahl des Kolbens als Kompromiß. Gebräuchlich sind je nach Art der Arbeit und der Stärke des

Werkstücks Kolben von einigen Gramm bis zu 1000 g. Der übliche Kolben des Klempners wiegt 250···500 g. Gewarnt werden muß vor zu leichten Kolben. Bei diesen besteht die Gefahr, sie zwecks Steigerung der Speicherwärme zu überhitzen. Das Lot, das die Arbeitsfläche des Kolbens bedeckt, wird dabei infolge seiner hohen Temperatur stärker vom Sauerstoff angegriffen und bildet Schlacken, die Anlaß zu Lötfehlern geben können. Starke Überhitzung kann sogar zu einer Legierungsbildung zwischen Kupfer und Zinn führen, zu einer Zinnbronzeschicht, die vor allem wegen ihrer weit geringeren Wärmeleitung entfernt werden muß. Harte Oberflächen am Kolben, die von der Feile schwerer angegriffen werden als das weiche Kupfer, lassen auf vorhergehende Überhitzung schließen. Ist der Kolben jedoch groß genug, so treten diese Gefahren nicht auf. Immerhin sollte auch hier darauf geachtet werden, daß eine Überhitzung oder gar eine Zunderbildung unterbleibt.

Die *Arbeitsbahn* des Kolbens muß sauber sein; denn nur dann nimmt sie das Lot in genügender Menge und leicht an. Da sich durch Schmutz, Oxyde und Schlacken allmählich eine Veränderung der Arbeitsfläche ergibt, soll diese von Zeit

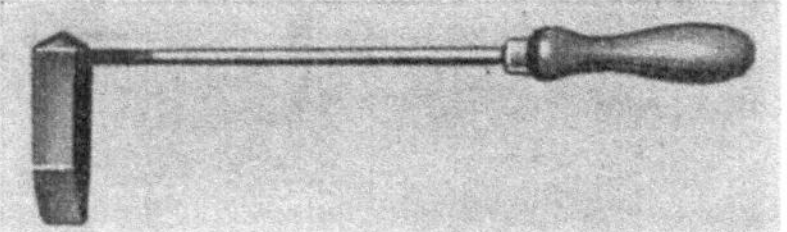
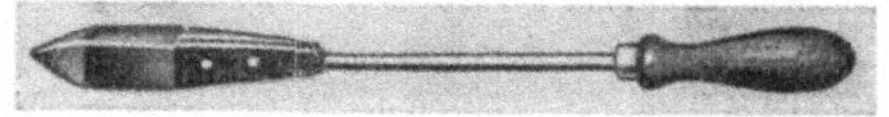

Abb. 9. Hammerkolben und Spitzkolben.

zu Zeit — zweckmäßig in heißem Zustande — vorsichtig mit einer Feile gereinigt werden. Im üblichen Betriebe säubert man die Bahn durch Abwischen oder Abreiben auf einem Salmiakstein. Seine Wirkung ist nicht nur mechanisch. Bei der Berührung mit dem heißen Kolben zersetzt sich das Ammoniumchlorid und spaltet Salzsäure ab, die die Oxyde am Lötkolben auflöst. Der so gesäuberte Kolben nimmt nunmehr leicht eine bestimmte Lotmenge beim Berühren mit dem Lötzinn auf und wird dabei verzinnt. Das Lot wird mit dem Kolben übertragen, gesondert zugeführt oder an dem arbeitenden Kolben geschmolzen, so daß es über ihn der Lötstelle zufließt.

In der Praxis haben die Kolben je nach der Art der durchzuführenden Arbeit verschiedene *Formen*. Allgemein üblich ist der Hammerkolben mit schneidenförmiger Arbeitsfläche. Diese Schneide läßt sich leicht auf dem Salmiakstein reinigen und das Lot hält sich darauf besser als an spitz ausgebildeten Kolben. Beim Hammerkolben steht die Schneide meist parallel zum Handgriff, während bei Spitzkolben die Spitze in unmittelbare Verlängerung des Griffes weist. Je nach der Zugänglichkeit der Lötstelle wird die eine oder andere Form (Abb. 9) oder eine davon abweichende bevorzugt.

Man hat versucht, den Kolben statt aus Kupfer aus Aluminium auszubilden. Aluminium hat gegenüber dem Kupfer zwei Vorzüge. Zunächst speichert es bei gleichem Gewicht etwa doppelt so viel Wärme wie Kupfer. Sodann ist die Zunderfestigkeit des Aluminiums gegenüber Kupfer ein weiterer Vorzug. Sein Mangel ist die Unbenetzbarkeit durch Lot und die sich daraus ergebende Notwendigkeit die Arbeitsbahn aus einem anderen, benetzbaren Werkstoff auszubilden.

In bemerkenswerter Weise werden die Nachteile des Kupfers und des Aluminiums durch die in Abb. 10 dargestellte Spitze eines elektrischen Lötkolbens vermieden. Der wärmeleitende Teil ist aus Aluminium hergestellt und mit einer Neusilberspitze versehen. Diese zundert nicht, bleibt so immer blank und braucht nur abgewischt zu werden.

Man *erwärmt* den Lötkolben durch irgend eine Wärmequelle, z. B. mittels einer Gasflamme oder im Holzkohlenfeuer. Feldschmieden, in denen Steinkohle oder eine besondere Schmiedekohle verwendet wird, sind ungeeignet, weil der hohe Schwefelgehalt dieser Brennstoffe das Kupfer des Kolbens angreift und vorzeitig zerstört.

Bei größeren Lötarbeiten werden mehrere Kolben abwechselnd verwendet; ständig beheizte sind hier jedoch vorzuziehen. Der gewöhnliche Kolben hat nur in einem kleinen Bereich die richtige Löttemperatur. Er ist anfangs zu heiß, so daß

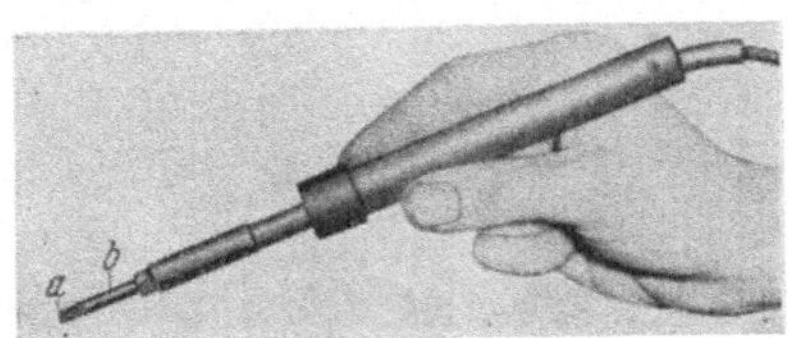

Abb. 10. Elektrischer Lötkolben mit nichtzundernder Spitze (ERSA, Ernst Sachs, Wertheim a. M.) a Neusilberspitze; b Aluminiumschaft.

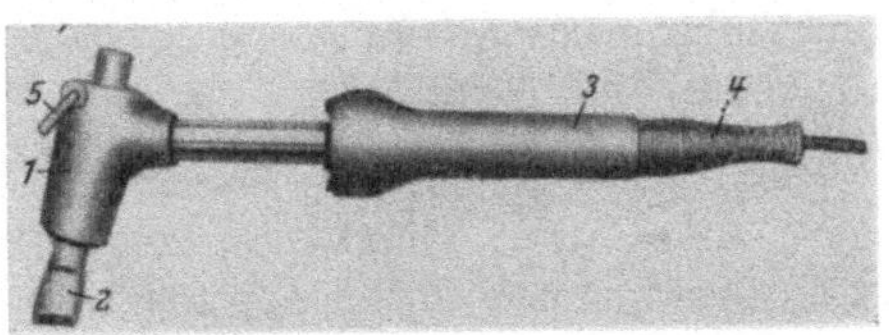

Abb. 11. Elektrischer Lötkolben (Hammerform) (ZEVA-Elektr.-Ges., Kassel-Wilhelmshöhe). *1* In Leichtmetall eingegossenes Heizelement; *2* Kupferner Lötkopf; *3* Handgriff mit Anschlußschnur; *4* Drahtspirale zum Kabelschutz; *5* Aufhängebügel.

Überhitzungen möglich sind und gegen Ende des einzelnen Lötvorganges so kalt, daß die Arbeitsgeschwindigkeit nicht mehr befriedigt. Diese Mängel werden von dem *ständig beheizten* Kolben vermieden, der die Wärme nicht speichert, sondern nur von der Quelle auf das Werkstück überträgt. Man kann ihn durch Flammen oder elektrisch beheizen.

Der *elektrische Lötkolben* ist vorzuziehen, wenn Netzstrom an der Arbeitsstelle zur Verfügung steht. In einem meist auswechselbaren Heizkörper sind Widerstandsdrähte aus Chromnickel oder Chrom-Silicium-Aluminiumlegierung auf Isolatoren (Steatit oder Glimmer) untergebracht. Oft sind die Heizdrähte auch in Isoliermassen und diese wieder in Leichtmetall eingegossen. Die Leistung der Heizkörper ist so bemessen, daß wesentliche Überhitzungen im Leerlauf des Kolbens nicht möglich sind. Ein Kolben von 500 g Gewicht verbraucht rd. 100 Watt, einer von 80 g 30 Watt. Abb. 11 zeigt einen elektrisch beheizten Lötkolben mittlerer Größe in Hammerform. Der kupferne Lötkopf ist mit schlankem Kegel satt

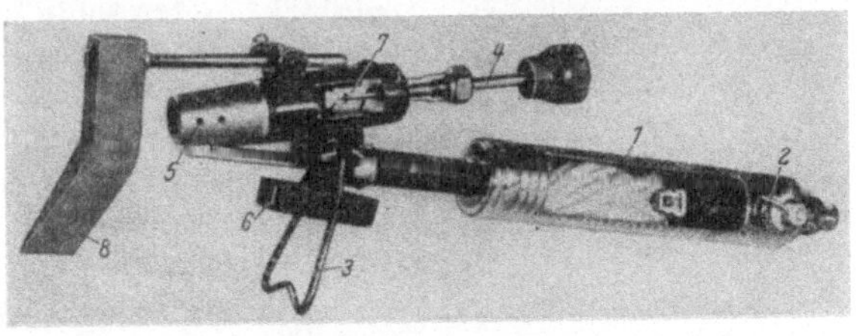

Abb. 12. Benzinbeheizter Lötkolben (Ernst HÄHNEL, G.m.b.H, Lüdenscheid). *1* Handgriff mit Benzinvorrat; *2* Luftpumpe; *3* Stütze zum Aufstellen; *4* Spindel für Düsenverschluß- und -reinigung; *5* Brennerrohr; *6* Anheizschale für Spiritus; *7* Verdampfer; *8* Kupferkolben.

in den Leichtmetallkörper eingesetzt, in den die Heizdrähte eingegossen sind. Ein solcher Kolben ist mechanisch sehr widerstandsfähig, gegen Feuchtigkeit ziemlich unempfindlich und so den meist rauhen Bedingungen der Lötarbeit angepaßt.

Auf der Baustelle und für Reparaturen kommen mit Gas oder flüssigen Brennstoffen betriebene Kolben in Frage. Neben Benzinbrennern sind azetylen- und propanbeheizte Geräte üblich. In Abb. 12 ist ein mit Benzin beheizter, sehr handlicher Kolben dargestellt. Der Benzinvorrat ist im Handgriff untergebracht. Der Brennstoff — gewöhnliches Tankstellenbenzin — wird unter Druck einem Verdampfer zugeführt. Der erzeugte Dampf tritt mit großer Geschwindigkeit durch eine Düse in das Brennrohr und reißt dabei die notwendige Verbrennungsluftmenge mit. Die im Brennrohr entstehende blaue Flamme erwärmt den Kupferkolben.

Daß man bei diesem Werkzeug den Umweg über den Kupferkolben wählt, beruht auf einigen besonderen Vorzügen des Lötkolbens. Neben der guten Wärmeübertragung auf das Werkstück infolge der flüssigen Wärmebrücke am verzinnten Kolben ist es die Genauigkeit mit der sich die Wärme auf die gewünschte Stelle übertragen läßt. Sogar punktförmige Zuführung ist beim Spitzkolben möglich. Dagegen erwärmt die Lötflamme als unmittelbare Wärmequelle immer eine größere Fläche. Auch beeinträchtigt sie das Werkstück viel stärker und erhöht die Brandgefahr, während die milde Kolbenwärme auch empfindliche Teile nicht überhitzt. Schließlich dient die Arbeitsfläche des Kolbens auch dazu, mechanische Wirkungen herbeizuführen, Lot aufzunehmen und der Lötstelle zuzuführen.

b) Lötbrenner. Beim Flammenlöten oder beim Arbeiten mit Lötbrennern erfolgt die Erwärmung durch unmittelbare Einwirkung einer Flamme auf das Werkstück.

Als meist verbreitete Wärmequelle dient die mit flüssigen Brennstoffen betriebene *Lötlampe*. Ihre Wirkungsweise sei an der Abb. 13 erläutert. In einem hier

Abb. 13. (Halbliter-) Benzin-Lötlampe im Schnitt (HÄHNEL).
1 Vorratsbehälter unter Druck; *2* Druckluftpumpe; *3* Verdampferkanäle; *4* Brennerrohr; *5* Anheizschale für Spiritus; *6* Spindel zur Leistungsregelung.

½ l Tankstellenbenzin oder Benzol fassenden Behälter wird durch Einpumpen von Luft mittels einer Handpumpe ein Druck von etwa 2···3 atü erzeugt. In einem auf den Grund des Behälters führenden Rohr steigt das Benzin unter dem Überdruck der Luft in einen Verdampfer, der von der Lötflamme im Brennerrohr beheizt wird. Dort verdampft das Benzin und der heiße Brennstoffdampf tritt aus einer feinen Düse in das Brennerrohr. Mit einem Ventil stellt man die Menge des Dampfes ein oder schließt den Brennstoffaustritt vollkommen ab. Oft dient eine nadelförmige Verlängerung der Ventilspindel dazu, die enge Düse von Fremdkörpern, Teer und Rußteilchen zu säubern, wenn die Nadel beim Schließen der Spindel durch die Düse tritt. Der mit sehr hoher Geschwindigkeit (über 100 m/s) austretende überhitzte Brennstoffdampf reißt Luft mit sich und mischt sich sehr innig mit ihr, so daß die sich im Brennrohr bildende Flamme ohne Kohlenstoffausfall, also ohne Rußbildung und Leuchtwirkung blau und sehr heiß ist. Sie kann unmittelbar auf das Werkstück gerichtet werden. Die an das Brennrohr abgestrahlte Wärme genügt, den Verdampfungsprozeß aufrecht zu erhalten. Bei der Inbetriebnahme wird der Verdampfer bei geschlossener Spindel durch eine Flamme erwärmt, die sich über dem in eine Anzündschale gegossenen Spiritus bildet. Der *Spiritus* brennt mit blauer Flamme ohne den Kopf der Lampe zu verrußen, wie es bei Verwendung von Benzin in der Anzündschale immer der Fall ist. Wohl mag es einfacher sein, Benzin aus der Lampe durch leichtes Öffnen der Spindel in die Schale laufen zu lassen; diese Bequemlichkeit rächt sich aber schnell durch Verschmutzen des Gerätes und Zusetzen der Düsen und sollte daher vermieden werden.

Die geradlinigen Verdampferkanäle können von Zeit zu Zeit gereinigt werden. Je besser und leichter der Brennstoff, um so seltener ist eine Reinigung nötig.

Schwerere Brennstoffe wie Petroleum brennen zwar auch in der Lötlampe, setzen aber den Verdampfer schneller zu. Die Düse kann, wenn sie nicht von der Nadel der „selbstreinigenden Spindel" gesäubert wird, durch eine besondere Nadel gereinigt werden. Es ist nicht zu empfehlen, hier an Stelle der passenden Reinigungsnadeln irgendeinen dünnen Draht zu nehmen, weil dadurch leicht die Düse aufgeweitet wird.

Gefährliche Drücke können im Brennstoffbehälter durch Einpumpen von Luft nicht erzeugt werden, da die Handpumpe keinen höheren Druck als etwa 3 atü hergibt. Nur bei sehr ungeschickter Handhabung, bei der der Behälter erhitzt wird und bei Bränden kann der Innendruck bedenklich hoch werden. Um dies zu verhindern, ist zuweilen ein Sicherheitsstift im Behälter vorgesehen, der bei Überhitzung oder bei druckbedingter Ausdehnung ein Loch im Deckel öffnet, durch das sich der Druck ausgleichen kann.

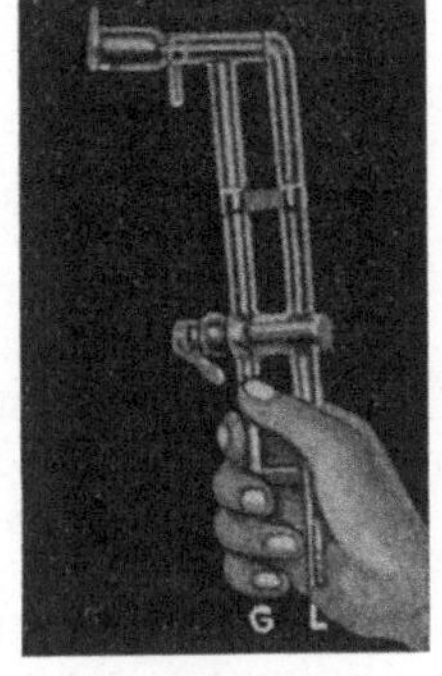
Abb. 14.
Gebläsebrenner mit Hahn.

Mit dem Verbrauch an Brennstoff dehnt sich das Preßluftkissen über dem Benzin aus, wobei der Druck entsprechend nachläßt. Deshalb muß vor allem bei vollem Behälter öfter Luft nachgepumpt werden.

Insbesondere bei älteren Bauarten wird der Druck, unter dem der Brennstoff dem Verdampfer zufließt und aus der Düse austritt, nur durch die Erwärmung der Luft über dem Brennstoff ausgeübt. Der erzeugbare Druck ist dabei freilich geringer und die notwendige Erwärmung des Lampenbehälters ist lästig.

Gut gewartete Lötlampen sind vorzügliche und zuverlässige Wärmegeräte. Bei vernünftiger Handhabung sind sie auch sicher und ungefährlich. Natürlich muß beim Füllen die im Umgang mit leicht brennbaren Flüssigkeiten notwendige Sorgfalt gewahrt bleiben. Gefährlich kann ein Unterkühlen des Kopfes und Austritt von flüssigem Brennstoff aus der Düse werden, da der Brennstoff als Strahl meterweit geschleudert wird. In dieser Richtung sollten keine entzündbaren Stoffe liegen. Um ganz sicher zu gehen, lasse man die Lampe nie ohne Beobachtung brennen. Abb 12 zeigt eine benzinbeheizte Lötlampe, bei der der Benzinvorrat im Handgriff untergebracht ist.

Als Wärmequelle beim Löten wird auch die Leuchtgasflamme verwendet. In den Brennern, die mit Gas und Preßluft (Abb. 14) oder mit Preßgas oder Selasgas (ein vorgemischtes, unter höherem Druck stehendes, aber ohne weitere Luftzufuhr noch nicht brennbares Leuchtgas-Luftgemisch) gespeist werden, haben wir Lötgeräte, die sich besonders durch die treibende Wirkung der Flamme auszeichnen. Der Flammenstrahl dieser Lötpistolen ist so straff, daß er das flüssige Lot vor sich herzutreiben vermag, so daß der Löter den Lauf des Lotes beeinflussen kann. Namentlich im Bau von Wärmetauschern der Gasgeräte, beim Einlöten der Netze in die Kammern, spielt dieses „Verblasen" eine erhebliche Rolle. Der heißeste Teil dieser Flammen liegt an ihrem Ende.

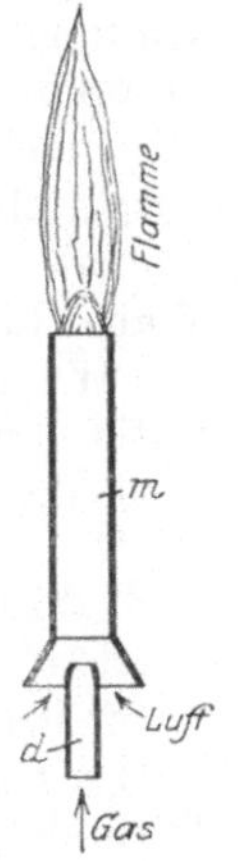

Abb. 15.
Bunsenbrenner.
d Brennerdüse;
m Mischrohr.

Für kleinere Lötarbeiten können einfache Bunsenbrenner (Abb. 15) verwendet werden. Der unter Druck aus der Düse d austretende Gasstrahl reißt Primärluft mit, die am Ende des Mischrohres m mit einem Flammenkegel brennt. An der Spitze des Innenkegels ist der heißeste Teil der Bunsenflamme. Lästig ist oft das Zurückschlagen in das Mischrohr, das zu unvollkommener Verbrennung führt. Verbesserte Formen des Bunsenbrenners (z. B. Teclubrenner) lassen den Innenkegel auf einer Brennerplatte aufsitzen. Dadurch wird der Rückschlag verhindert und die Flamme verdichtet, so daß sie wesentlich heißer wird als die des einfachen Bunsenbrenners.

Die Gefahr des Rückschlags tritt auch bei den *Flachbrennern* nicht auf, die für kleine Lötarbeiten gebräuchlich sind. Das Gas tritt aus einem Specksteinkopf in zwei gegeneinander gerichteten Strahlen aus. Dadurch verbreitet sich das Gas zu einer Scheibe, die mit straffer heißer Flamme verbrennt. Die Flachbrenner sind auf kleine Leistungen beschränkt.

Die beschriebenen Gasbrenner können auch mit Propan, Azetylen oder Wasserstoff betrieben werden. Der Wasserstoff liefert eine sehr heiße Flamme, die vor allem für Arbeiten an Blei verwendet wird. Für Propan und Azetylen sind besondere Lötpistolen auf dem Markt. Sie arbeiten mit Luft, die injektorartig von dem unter Druck austretenden Gas angesaugt wird. Diese Lötbrenner sind nicht mit Schweißbrennern zu verwechseln, die das Gas mit reinem Sauerstoff in einem Flammenkegel verbrennen. Azetylen–Sauerstoff-Flammen liefern eine zu scharfe und zu heiße Flamme, die daher für das Weichlöten weniger gut geeignet ist.

c) Elektrische Erwärmung. Schon beim Lötkolben ist die Widerstandswärme des elektrischen Stromes als Wärmequelle beschrieben worden. Daneben gibt es eine Anzahl weiterer Möglichkeiten, den elektrischen Strom zur Erwärmung der Lötstelle heranzuziehen. Die gleichen Geräte werden auch zum Hartlöten verwendet, wo sie eine wesentlich größere Rolle spielen. Sie sollen dort behandelt werden (S. 37ff).

d) Beheizte Bäder. Das Löten in Bädern aus flüssigem Lot hat in erster Linie industrielle Bedeutung. Es setzt größere Stückzahlen von Lötteilen voraus, da teure Einrichtungen und große Metallmengen nötig sind und die Bäder ständig einen großen Wärmebedarf zur Aufrechterhaltung der Temperatur erfordern. Nach Umfang und Materialverbrauch übertrifft die Tauchlötung alle anderen Weichlotanwendungen. Beim Eintauchen in das Lotbad wird die gesamte eingetauchte Oberfläche des Werkstückes überzogen. Gleichzeitig werden alle feinen Spalte ausgefüllt. Deshalb können beim Tauchlöten außerordentlich viele Lötstellen auf einmal hergestellt werden. Hauptanwendungsgebiete sind demgemäß z. B. die Wärmetauscher der Gas-Wasserheizer, wo die kupfernen Wärmeleitlamellen mit den Wasserrohren verbunden werden sollen und wo der Überzug aus Bleizinn gleichzeitig den Teilen einen Korrosionsschutz verleiht, oder Autokühler, wo das Gitterwerk des Kühlernetzes mit den wasserführenden Teilen zu verbinden ist.

Die im *Tauchbad* zu behandelnden Teile werden zunächst gründlich gesäubert, z. B. durch Beizen in einem Säurebad oder auch in einem sauren Lötwasserbad, das den Teilen dann gleichzeitig einen Überzug von Flußmittel mitgibt. Bald darauf — oft noch feucht vom Chlorzinkbad — werden die Werkstücke in das flüssige Lotmetall eingetaucht. Eine größere Pause würde starke Angriffe durch das saure Flußmittel verursachen.

Beim Lotbad ist es sehr wichtig, mit der erprobten Arbeitstemperatur zu arbeiten und das Bad durch selbsttätige Regelung stets darauf zu halten. Ist das Bad zu kalt, so ergibt sich keine rechte Verbindung. Das breiige Lot dringt nicht in die Spalte ein und der dem Metall anhaftende Überzug ist rauh und dick und trotz wesentlich höheren Lotverbrauchs unschön. Die Betriebstemperatur des Bades soll $50 \cdots 100°$ über dem Punkt liegen, bei dem das Lot vollständig flüssig ist. Damit durch das Eintauchen der kalten Gegenstände die Badtemperatur nicht zu weit fällt, muß der Inhalt des Bades in einem bestimmten Verhältnis zum Gewicht der Teile stehen. Eher sollte der Badinhalt zu groß als zu klein sein. Wichtig ist es auch, die Temperatur nicht zu weit zu erhöhen, denn sonst löst sich zu viel von dem Grundwerkstoff der getauchten Teile. Damit ändert sich die Dünnflüssigkeit des Bades, steigt der Schmelzpunkt und wird die gewollte Wirkung beeinträchtigt.

Der Badinhalt muß wegen des Einlegierens von Kupfer oder Eisen von Zeit zu Zeit erneuert werden. Der erkaltete Inhalt des ausgegossenen Bades wird von Spezialwerken aufgearbeitet, ebenso wie die sich auf dem Bad bildende Salzschicht — das Gekrätz. Ersatz der verbrauchten Lotmenge und gelegentliche Entfernung des sich am Grunde allmählich ansammelnden Schlammes sind für den Betrieb wichtig.

Auf der Oberfläche solcher Bäder bildet sich aus Lotmetall und dem Luftsauerstoff Schlacke. Durch Abdecken des Bades mit anorganischen Salzen wird dies weitgehend eingeschränkt. Vor dem Eintauchen der Teile wird die Deckschicht beiseite geschoben und das Werkstück durch den blanken Metallspiegel eingetaucht. Überschuß an Lot wird nach dem Herausnehmen vom Werkstück durch Abtropfenlassen, Erschütterung oder Schlag entfernt.

Als Lotlegierung werden in Bädern meist $30\cdots50\%$ Zinn enthaltende Blei–Zin-Lnegierungen verwendet; für Überzug und Lötung von Milchkannen und Gefäßen für Lebensmittel sind in Deutschland mindestens 90% Zinn vorgeschrieben.

e) Die Ofenlötung wird als Weichlötung vor allem bei Wärmetauschern angewandt, z. B. bei Automobilkühlern, bei denen die wärmeleitende Verbindung der Rippen mit den wasserführenden Rohren unerläßlich, das Überziehen der gesamten Oberfläche mit dem — teuren — Lot aber nicht nötig ist. So werden die Rohre mit einem reichlichen Lotüberzug versehen, der im Ofen zum Schmelzen kommt und die der *verzinnten Fläche* anliegenden unverzinnten Teile z. B. Lamellen anlötet. Dazu ist natürlich ein Flußmittelüberzug nötig. Gegenüber dem früher ausschließlich verwendeten Tauchlöten wird bei diesem Verfahren sehr viel Lot eingespart. Die Verbindung der „Kühlernetze" mit den Wassertaschen oben und unten erfolgt dann durch Flammenlötung.

Im Ofen werden oft auch Geräteteile und Armaturen in der Massenfertigung gelötet. Die Teile werden mit Flußmittel und Lot in der Ofenhitze heruntergeschmolzen. Das Weichlöten im Ofen wird durch das Hartlöten im Schutzgasofen heute mehr und mehr verdrängt. Dem Löten im Ofen verwandt ist das Erhitzen der Lötteile auf der elektrischen Heizplatte.

Neben den beschriebenen wichtigsten Wärmequellon gibt es noch eine Anzahl anderer Möglichkeiten, unter denen nur noch die Erwärmung durch die Reaktionswärme bei der Verbindung von Aluminium und Eisenoxyd erwähnt sei. Diese „Thermit"-Mischung, die in besonders dafür gebaute Lötkolben eingebracht und dort durch Anzünden zur Reaktion gebracht wird, ist nur für eine einmalige Erwärmung des Kolbens — also z. B. für Einzellötung bei Reparaturen — geeignet.

13. Ausbildung des Lötspalts. Es ist schon ausgeführt worden, daß die Festigkeit des Mischlotes sehr gering ist. Daher kommen Stumpfnähte nur für ganz untergeordnete Verbindungen in Frage. Die Überlappung gleicht durch den größeren Scherquerschnitt zu einem Teil die geringe Festigkeit der Blei–Zinn-Verbindungen aus. Bei der Falzverbindung wird das Lot nur zum Abdichten benützt, während die eigentlichen Kräfte durch den Falz weitergeleitet werden. Dieser Verbindungsart gebührt daher stets der Vorzug, solange weichgelötet wird.

Gründliche Untersuchungen ergaben, daß eine Lötnaht um so besser hält, je dünner die verbindende Lötmetallschicht ist. Mit der Verschwendung von Lot in weiten Passungen wird daher nichts erreicht. In der Praxis sind Spalte von $0,1\,\mathrm{mm}$ anzustreben (das entspricht etwa der Stärke einer Rasierklinge). Es ist auch ein Trugschluß, daß große Hohlkehlen wesentlich zur Erhöhung der Festigkeit einer Verbindung beitragen.

Am Beispiel der BÄNNINGER Lötfittings (Abb. 16) sei die Bedeutung des *Kapillarspaltes* erläutert. Mit diesen Fittings werden Kupferleitungen durch Weichlot verbunden. Die Verbindungsstücke passen ganz eng auf die vorher zugerichteten Rohre. Der gebildete Kapillarspalt saugt nun das Lot an alle Stellen, wo zwischen sauberen Metallflächen ein Zwischenraum besteht. Je enger dieser Spalt, um so größer ist die Saugkraft. In einem Zwischenraum von 0,2 mm steigt ein flüssiges Weichlot 35 mm hoch, bei einem Spalt von 0,05 mm ist die Steighöhe 170 nim! In den USA werden für ähnliche Kupferrohrverbindungen Spalte von 0,03···0,1 mm genannt. Die Saugkraft des engen Spaltes ist so groß, daß das bloße Einstecken von Lot durch ein seitliches Loch ausreicht, um das Verbindungsmetall gleichmäßig über den ganzen Spalt zu verteilen (Abb. 17).

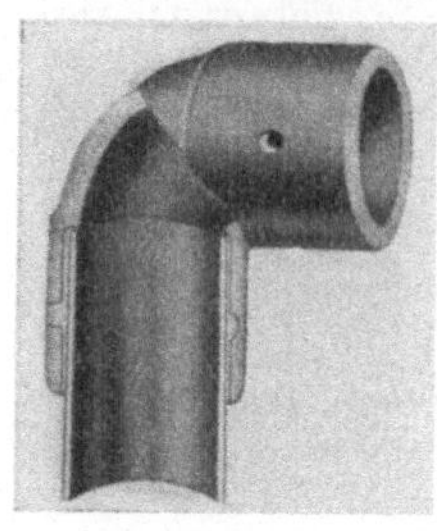

Abb. 16. Beispiel einer Kapillarlötung: Fitting in einer Kupferrohrleitung (s. auch Abb. 17) (BÄNNINGER GmbH, Gießen).

14. Wischverzinnen und Modellieren. Metallflächen werden häufig mit Lot überzogen oder „verzinnt". Auf die erwärmte, mit Flußmittel behandelte Fläche wird Lötzinn aufgebracht und geschmolzen. Mit einem Lappen wird das flüssige Metall dann auf der Oberfläche verwischt und verteilt. Da Erwärmen und Verwischen nicht gleichzeitig vorgenommen werden können, ist es erwünscht, beim Verteilen über eine möglichst große Zeitspanne zu verfügen. Daher sind Lote mit möglichst großem Schmelzbereich, LSn 35 oder 40, hier zweckmäßig.

Ähnliche Verhältnisse liegen beim Modellieren vor. Eine wichtige Anwendung findet das Verfahren beim Zusammensetzen der einzelnen Blechteile bei Kraftfahrzeugaufbauten. Die Stoßstellen, die nach dem Lackieren der Karosserie vollkommen unsichtbar sein müssen, werden mit Lot ausgefüllt. Auf die erwärmte, mit Flußmittel behandelte Fläche wird das breiige Lot aufgebracht und mit einem Holzwerkzeug über die Fuge verstrichen. Eine Nachbehandlung mit einem feilenartigen Werkzeug glättet die Fläche vollkommen. Verwendet werden Lote LSn 35; neuerdings auch Lot mit ganz geringem Zinngehalt.

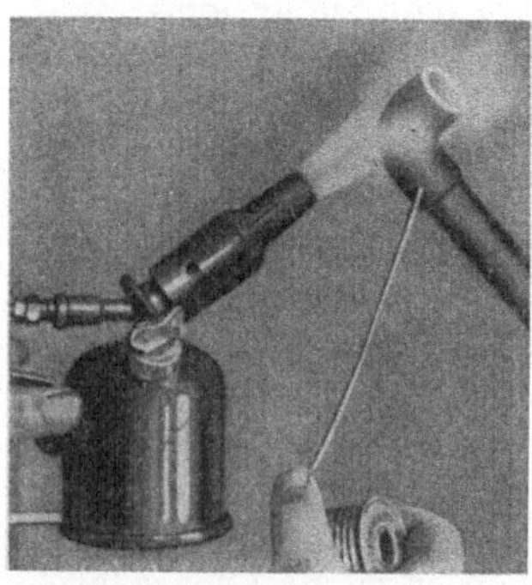

Abb. 17. Ausführung einer Kapillarlötung: Das Lot wird durch das Loch im Fitting (s. auch Abb. 16) eingebracht. Der kapillare Zwischenraum zwischen Fitting und Rohr saugt das flüssige Lot an und verteilt es gleichmäßig über die ganze Spaltfläche (BÄNNINGER).

E. Besondere Anwendungsgebiete.

15. Löten von Kupfer, Zink und Zink-Legierungen. *Kupfer* läßt sich von allen Metallen am leichtesten weichlöten, wozu die rasche Lösung der Oxyde durch die Flußmittel sowie die leichte Legierbarkeit mit dem Lötzinn beitragen.

Zink und *Zink-Legierungen*, die weniger als 1% Aluminium enthalten, lassen sich mit den genormten Weichloten und den bekannten Flußmitteln löten. Für das Zink sind daneben kadmiumhaltige Sonderlote entwickelt worden, bei denen 35%ige Natronlauge als Flußmittel verwendet wird. Teile mit höherem Aluminiumgehalt verlangen zum mindesten einen Überzug mit Kadmiumloten, ehe sie mit den bekannten Weichloten weiterverarbeitet werden.

Verzinkte Stahlbleche werden oft mit Zinkdraht verbunden, wodurch Festigkeit und Korrosionsbeständigkeit besser werden als bei der Weichlötung. Diese neuere Verbindungsart hat sich schon mit gutem Erfolg eingeführt.

Beim Löten von *Messing*legierungen mit weniger als 80% Kupfergehalt muß die Lotbrüchigkeit, insbesondere an Rohren, beachtet werden. Diese Erscheinung tritt an Lötstellen auf, wenn das verwendete Grundmetall innere Spannungen aufweist. Das Weichlot dringt dabei an den Korngrenzen vor und bildet eine Legierung, die bei Zimmertemperatur brüchig ist und Rißbildungen zur Folge haben kann. Innere Spannungen treten an kalt verformtem Messing, vor allem als Reckspannungen auf. Die Gefahr der Lötbrüchigkeit läßt sich durch eine bei 300° C $\frac{1}{2}$ Stunde lang vorgenommene Wärmebehandlung verhindern.

16. Löten von rostfreiem Stahl. Die dichte, fest anhaftende Schicht von Oxyd, namentlich Chromoxyd, die die Beständigkeit des Materials, seine „Rostfreiheit" bedingt, erschwert das Löten dieser Nickel und Chrom enthaltenden Stähle. Sorgfältige Reinigung, Verwendung geeigneter Flußmittel und genügend lange Einwirkung sind für eine einwandfreie Lötung nötig.

Als Flußmittel, die gleichzeitig eine Aufrauhung der Oberfläche bewirken, werden empfohlen
a) in Salzsäure aufgelöstes Zink mit einem Zusatz von 25% freier Salzsäure, auch wohl mit weiterem Zusatz von 2···5% Flußsäure,
b) eine 10···20%ige Lösung von Orthophosphorsäure in Wasser.
Diese Säuren müssen natürlich vorsichtig gehandhabt werden und ihre Reste sind gleich nach dem Löten ganz sorgfältig zu entfernen.

Ein Vorverzinnen wird empfohlen; dann können beim Löten auf der verzinnten Fläche die weniger angreifenden bekannten Flußmittel verwendet werden.

Die üblichen Lote der Blei–Zinn-Gruppe sind gut verwendbar. Besonders wird darauf hingewiesen, daß die Wärmeleitung der rostfreien Stähle bis auf $^1/_{10}$ der des Eisens abfallen kann, und daß es daher oft schwer fällt, mit dem Kolben die Lötnaht genügend weit zu erwärmen.

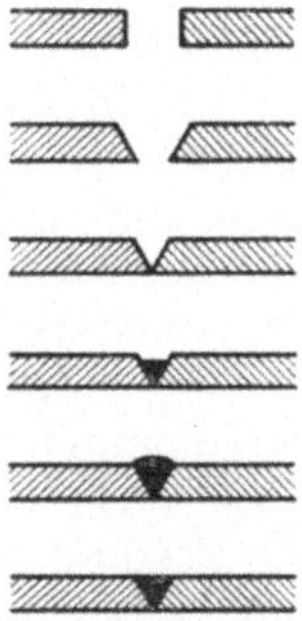

17. Löten von Blei. Das Löten dieses bei 327° C schmelzenden Metalls spielt in der Praxis der Rohrleger, Klempner und Kabelleger eine große Rolle. Gewöhnlich wird Blei mit den üblichen Blei–Zinn-Loten und mit Kolophonium oder Rindertalg gelötet. Lote mit hohem Bleigehalt, 70% und mehr, werden wegen ihrer größeren Modellierfähigkeit zinnreicheren Loten vorgezogen. Lötarbeiten an Blei sind nämlich meist an Verbindungen nötig, wo viel Lot in Hohlkehlen oder Spalten verbraucht wird und „modelliert" werden muß. Die bleihaltigen Lote lassen sich wegen des größeren Erstarrungsbereichs dabei besser verwenden, z. B. mit gefettetem Werg oder einem mit Talg getränkten Lappen in breiigem Zustand verformen oder verschmieren.

Abb. 18:
Stumpflötung von
Blei-Blechen.

Für Wasser- und Abflußleitungen, sowie für Kabelmäntel genügt die Korrosionsfestigkeit dieser Weichlötungen. Im *chemischen Apparatebau* dagegen und bei allen anderen Anwendungen, wo das Blei wegen seiner großen Korrosionsbeständigkeit verwendet wird, ist es notwendig, die Verbindungsarbeit an den Bleigegenständen mit reinem Blei vorzunehmen. Eine solche Verbindung, bei der der Füller mit dem Grundwerkstoff nahezu identisch ist, fällt unter den Begriff „Schweißen". Beim Blei wird jedoch auch das Ausfüllen mit dem gleichen Werkstoff als „Löten" bezeichnet. Trotzdem diese Bezeichnung zweifellos nicht zutrifft, soll das Bleilöten oder -schweißen in Anbetracht seiner Wichtigkeit mitbehandelt werden.

In der chemischen Industrie werden häufig Behälter aus Stahl oder anderen Werkstoffen geringerer chemischer Widerstandsfähigkeit mit Walzblei ausgeschlagen. Die Bleibleche werden dabei an die Innenfläche der Behälter sauber angepaßt, so daß nur an den Verbindungsstellen enge Nähte verbleiben, die nun mit Blei auszufüllen sind. Abb. 18 zeigt die Auffüllung einer solchen Naht mit Blei, das von einem Draht abgeschmolzen und an die Blechkanten angetragen wird. Gearbeitet wird meist mit der heißen Wasserstoff–Luft-Flamme, weil diese in der Lage ist, das vorhandene Bleioxyd zu reduzieren und die Bildung von Bleioxyden in der Nachbarschaft der Arbeitsstelle zu verhindern. Aus diesem Grund muß die Lötflamme leicht reduzierend eingestellt sein, d. h. es muß mit Wasserstoffüberschuß in der Flamme gearbeitet werden. Der Brenner ist so zu führen, daß die Arbeitsstelle noch im Bereich der nicht ausgebrannten Flamme liegt. Obwohl eine Reduktion der Oxyde durch Wasserstoffüberschuß und auch eine mechanische Entfernung des Bleioxyds durch Fortschieben mit dem Draht möglich ist, wird häufig noch zusätzlich mit Kolophonium gearbeitet. Bei dünnen Blechen wird mit oder ohne Füllmaterial eine Überlappung hergestellt. Es ist bei dieser Auskleidung ebenso wie bei allen Abdeckungen mit Blei besonders wichtig, die Nähte vollkommen dicht auszufüllen, da das Blei edler ist als Eisen und durchdringende Säure den darunter liegenden Eisenmantel zerstören würde.

Für viele Anwendungsgebiete, wo häufige Temperatur- und Druckwechsel vorkommen und vor allen Dingen bei Vacuum-Apparaturen genügt ein bloßes Auslegen mit Blei nicht; es muß vielmehr eine Verbindung zwischen Bleimantel und dem eigentlichen Konstruktionsmaterial hergestellt werden. Dazu bedient man sich der *homogenen Verbleiung* [1], bei der die Nähte durch reines Blei verbunden und die Befestigung der Bleischicht mit dem Stahlgefäß durch Löten hergestellt wird. Bei diesem wichtigen Verbleiungsverfahren der chemischen Industrie wird dem Eisenbehälter zunächst dort, wo er mit Blei belegt werden soll, eine Blei–Zinn-Legierung aufgeschmolzen. Es handelt sich dabei um eine ausgesprochene Wisch-Verzinnung, die sich fest mit dem Stahl verbindet. Auf diese verzinnte Stelle wird nunmehr das reine Blei aufgeschmolzen und z. B. eine Bleiraupe neben die andere gesetzt oder die Oberfläche in rechteckigen Feldern mit Blei ausgegossen, so daß schließlich über der Zinnschicht eine beliebig starke Schicht aus reinem Blei liegt. Die Zinnschicht hat die Aufgabe, einen festen metallischen Zusammenhalt zwischen Bleidecke und Stahlmantel herbeizuführen. Reines Blei läßt sich nämlich nicht mit Eisen oder Stahl verbinden oder legieren. Dazu wäre ein Zinngehalt im Blei notwendig, der aber die Beständigkeit des Bleis zu stark herabsetzen würde. Die Bleiauflage wird daher mit Hilfe des zinnhaltigen Lotes aufgelötet. Das Verfahren wird in verschiedenen Abwandlungen ausgeführt und setzt eine große Kunstfertigkeit voraus. Gearbeitet wird auch hier aus den oben dargelegten Gründen vorzugsweise mit dem Wasserstoffbrenner. Dieser verdient vor dem Azetylenbrenner den Vorzug auch deshalb, weil die Wärmeentwicklung bei ihm wesentlich geringer ist und die Gefahr des Durchbrennens bei dem leichter schmelzenden Metall damit verringert wird.

III. Das Hartlöten der Schwermetalle.

Die niedrigsten Arbeitstemperaturen der Hartlote fallen in ein Gebiet, das bei rd. 620° C beginnt und bis zu etwa 1100° C reicht, während die obere Grenze des Weichlötens bei etwa 300° C liegt. In dem Temperaturbereich zwischen Weichlöten und Hartlöten gibt es keine brauchbaren Lote für die Schwermetalle. Man hat zwar versucht, auf Zinkbasis und mit anderen Legierungen die bestehende Lücke auszufüllen, aber trotz aller Vorteile, die ein solches Lot für die Anwendung des Lötens bringen würde, hat sich keine Legierung auf die Dauer durchsetzen können.

Die hohen Temperaturen, die beim Hartlöten nötig sind, erschweren zwar seine Anwendung; dafür ergeben sich aber ungleich größere Festigkeiten der Lötung, die auch unter langandauernden Beanspruchungen nicht leiden.

---

[1] Nähere Angaben über das interessante Thema s. Schrifttumverzeichnis 38, 39, 40.

Die zum Hartlöten verwendeten Lote, die *Hartlote*, werden eingeteilt in die auch „Schlaglote" genannten einfachen unedlen Hartlote und in Silberlote. Beide Lotgruppen unterscheiden sich vor allem durch ihre Schmelzbereiche, denn das Zulegieren von Silber dient in allererster Linie der Senkung des Schmelzpunktes der Lotlegierung und damit der Arbeitstemperatur.

Die Bezeichnung „Schlaglot", die leider früher in die DIN-Normen übernommen wurde, ist recht anfechtbar und unglücklich gewählt, weil darunter häufig in der Praxis andere Dinge, z. B. gekörnte Lote verstanden werden. Andererseits wird auch die Meinung vertreten, daß Schlaglote solche sind, die ein Hämmern der Lötstelle zulassen.

Drücklote haben in der Lötstelle eine solche Zähigkeit, daß die Naht nicht nur gehämmert werden kann, sondern auch bei so außerordentlich starken Verformungen, wie sie z. B. beim Metalldrücken auftreten, standhält.

A. Hartlote.

18. Unedle Hartlote bestehen in erster Linie aus Kupfer und seinen Legierungen. *Unlegiertes Kupfer* wird in großem Umfange beim Löten unter Schutzgas (Kap. V) verwendet, wo es vorzügliche Eigenschaften zeigt. Früher, ehe sich noch die Autogenschweißtechnik allgemein durchsetzte, wurde Kupfer oft im Schmiedefeuer zur Fugenlötung von Ringen, Radreifen und Maschinen verwendet. Sein Schmelzpunkt liegt mit 1083° C sehr hoch. Dies ist ein Vorteil, wenn Stahlteile zusammengelötet werden, die zwecks Härtung nach dem Löten noch einmal auf höhere Temperaturen (rd. 750° ··· 900° C) erhitzt werden müssen. Die Kupferlötung kann Temperaturen bis rd. 1050° C ausgesetzt werden, ehe die Verbindung der Teile gefährdet ist. Im allgemeinen liegt die Arbeitstemperatur des Kupfers aber für die Werkstatt zu hoch, und es werden daher niedriger schmelzende Kupferlegierungen vorgezogen.

Messinglote sind die wichtigsten und meist verwendeten einfachen Hartlote. Tabelle 4 ist dem Normblatt DIN 1733 entnommen, das außer den Hartloten auch die zum Schweißen der Schwermetalle üblichen Zusatzstoffe enthält. Der Schmelzbereich der Kupfer-Zink-Legierungen mit 85···42% Kupfer ist in Tabelle 5 wiedergegeben.

Oft sind diese Lote noch mit Zinn, Nickel oder Silber[1] in kleineren Anteilen legiert, um die Fließ- und Laufeigenschaften oder die Festigkeit zu verbessern oder den Schmelzpunkt zu senken. Häufig wird ein Lot verwandt, das Kupfer und Zink zu etwa gleichen Teilen enthält. Dies entspricht etwa unserem LMs 54 (in Amerika 50/50). Das wesentlich hellere Lot, das durch Ersatz von etwa 5% Zink durch Zinn entsteht, wird in erster Linie für Lötungen an Neusilber, Stahl oder Nickel–Kupfer-Legierungen verwendet, weil seine Farbe weniger von der des Metallteiles abweicht. Zinn wird in Anteilen bis zu 10% in Hartloten angetroffen; Kupfer–Zinn-Legierungen bis zu 13,5% Sn wären noch gut als Lote geeignet, jedoch macht die Herstellung von Zinnbronzen mit mehr als 10% Sn — die nach dem zur Entfernung der Oxyde üblichen Herstellungsverfahren auch „Phosphorbronzen" genannt werden — große Schwierigkeiten (Phosphorbronzen enthalten gar kein oder nur sehr wenig Phosphor). Höher legierte Zinnbronzen können nur gegossen und gekörnt geliefert werden, da sie sehr spröde sind. Kupfer–Zinn-Legierungen mit 6 bis 10% Sn sind vom Verfasser mit guten Erfolg bei der Lötung im Schutzgasofen eingeführt worden.

Nickelhaltige Legierungen — auch Neusilberlote genannt — (Tabelle 6) haben höhere Schmelzpunkte und höhere Festigkeiten als die Lote der Messinggruppe. Besonders ihre Warmfestigkeit ist überlegen.

---

[1] Nach den Normen werden silberhaltige Lote als Silberlote bezeichnet, wenn sie mehr als 8% Silber enthalten.

Tabelle 4. *Legierungen zum Schweißen und Hartlöten der Schwermetalle und zum Hartlöten der Eisenwerkstoffe (nach DIN 1733*)*

Das Blatt enthält die vorzugsweise zu verwendenden Sonderlegierungen zum Schweißen und Hartlöten der Schwermetalle und zum Hartlöten der Eisenwerkstoffe. Es gilt nicht für Schweißdrähte und Schweißstäbe von gleicher Zusammensetzung wie die zu verschweißenden Stücke, ferner nicht für Lote aus allgemein zu verwendenden Metallen und Legierungen.

Weichen die Kurzzeichen dieses Blattes bei bereits früher genormten Metallen von den bisherigen Kurzzeichen ab, so sind die bisherigen Kurzzeichen aufgehoben.

Für einige der in diesem Blatt angegebenen Legierungen oder für ihre Verwendung bestehen im In- und Auslande gewerbliche Schutzrechte oder Schutzrecht-Anmeldungen.

Abkürzungen: *Die Buchstaben L bzw. S vor den Kurzzeichen bedeuten „Lot" bzw. „Schweißmetall".*

Benennung	Kurzzeichen	Zusammensetzung etwa %	Arbeitstemperatur mindestens °C	Wichte kg/cm³	Ergänzende Normen	Verwendung	
						Werkstoff der zu verbindenden Teile	Verwendungsbeispiele
Kupferschweißdraht	**SCu**	Cu mind. 98 Ag + Mn + Ni + P Rest	1070	8,9	nicht festgelegt	Kupfer	Chemische und elektrische Geräte
Nickelschweißdraht	**SNi**	Ni mind. 98 Mn Rest	1450	8,8		Reinnickel	Chemische Geräte
Neusilberschweißdraht	**SNs**	Cu mind. 45 Ni 6 bis 11 Zn mind. 40 Si 0,2 bis 0,4	950	8,7		Neusilber, Stahl, Gußeisen	
Zinn-Bronzeschweißdraht	**SSn Bz 6**	Cu mind. 92 Sn 5 bis 7 P bis 0,5	1030	8,7		Bronze, Stahl, Gußeisen	
Rotgußschweißdraht	**SRg**	Cu mind. 85 Sn 4 bis 5 Zn 6 bis 7 Mn + Si + P bis 1	950	8,7		Rotguß	Gleitbahnen

Messinglot 85	**LMs 85**	Cu 84 bis 86 Zn mind. 13 Si 0,2 bis 0,4	1020	8,7		Kupferwerkstoffe, Stahl- u. Guß-eisen	Geräte
Messinglot 63	**LMs 63**	Cu 62 bis 64 Zn mind. 35 Si 0,2 bis 0,4	910	8,4			Rohrleitungen, Fahrzeugbau, Instandsetzungen
Messinglot 60	**LMs 60**	Cu 59 bis 61 Zn mind. 38 Si 0,2 bis 0,4	900	8,4			
Messinglot 54	**LMs 54**	Cu 53 bis 55 Zn mind. 44 Si 0,2 bis 0,4	890	8,3	nicht festgelegt		Geräte
Messinglot 48	**LMs 48**	Cu 47 bis 49 Zn mind. 50	870	8,2			
Messinglot 42	**LMs 42**	Cu 41 bis 43 Zn mind. 56	845	8,1		Nickelwerkstoffe, Kupferwerkstoffe	Griffe und Hefte
Phosphorlot 8	**LCuP 8**	P 8 Cu Rest	710	8,0		Kupferwerkstoffe	Austausch von Silberlot bei geringer Dehnungsbeanspruchung
Silber-Messinglot	**LMs Ag**	Cu mind. 50 Zn mind. 40 Ag 4 bis 6 P + Si bis 0,5	810	8,4		Stahl, Temperguß	Stahlteile nur bis 1 mm Wanddicke

Lieferart in Knetform, Gußform und Kornform.

* *Anmerkung:* Maßgebend ist die neueste Auflage dieses Normblattes, die vom Beuth-Vertrieb, Berlin W 15 oder Köln, zu beziehen ist.

Gewisse Schwierigkeiten ergeben sich bei den zinkhaltigen Loten durch das Verdampfen des Zinks aus der Legierung. Bei 920° C siedet das flüssige Zink unter Atmosphärendruck; aber schon bei wesentlich niedrigeren Temperaturen hat es einen so beachtlichen Dampfdruck, daß es in die umgebende Atmosphäre „verdunstet". Die gleiche Erscheinung zeigen auch die Zinklegierungen, und zwar um so stärker, je höher ihr Zinkgehalt ist. Insbesondere beim Erwärmen mit der Schweißflamme, wo sich leicht Überhitzungen ergeben, verarmt die Legierung durch dampfförmiges Entweichen von Zink, wobei der Schmelzpunkt steigt. Das verdampfte Zink oxydiert mit dem Sauerstoff der Luft und mit den Brennerabgasen und bildet einen weißlichen Rauch, der auch die Nachbarschaft der Lötstellen überzieht.

Tabelle 5. *Schmelzbereiche einiger Kupfer-Zink-Legierungen.*

Kupfergehalt in %	obere Schmelztenperatur ° C	untere Schmelztemperatur ° C
85	1025	1010
63	910	905
60	903	900
54	888	882
48	870	860
42	850	835

Die Verarmung an Zink macht sich auch in der Farbe der Lötnaht, die mehr kupferfarbig wird, bemerkbar. Es ist zweckmäßig, das Lot nicht heißer zu machen als nötig und es nicht unnötig lange auf der hohen Temperatur zu halten.

Wird ein Messinglot im Ofen verwendet, so entweicht auch hier der Zinkdampf und schlägt sich als Oxyd oder Karbonat im Ofen oder an den Ofentüren nieder. Da die Lötung im Ofen länger dauert als die Handlötung, tritt dieser störende Umstand hier viel stärker zu Tage als bei kurzzeitiger Erwärmung in der Flamme.

Tabelle 6. *Neusilberlote*
(nach Stoffhütte, 2. Aufl., S. 938, Tafel 5).

Zusammensetzung %		Schmelztemperatur ° C	Farbe	Flüssigkeitsgrad
Cu	Ni[1]			
35	8,5	rd. 870	gelblich-nickelfarben	leichtflüssig
38	12	rd. 905	nickelfarben	mittelflüssig
38	15	rd. 960	nickelfarben	strengflüssig
48	10[2]	rd. 925	gelblich nickelfarben	mittelflüssig
65	18[3]	rd. 1000	weiß	—

[1] Rest Zn. — [2] Mit 0,3···0,5% Si; rauchloses Lot. — [3] α-Neusilber.

Geringe Zusätze von Aluminium und Silizium sollen dem flüssigen Lot einen gewissen Abschluß und einen Schutz gegen das Ausdampfen des Zinks geben. Die Oxyde der beiden Metalle überziehen gewissermaßen als „Schlacke" die Lötstelle und schließen die Metallfläche von dem Zutritt angreifender Gase ab. Beim Löten mit der Autogenflamme wird zur Bildung der Schutzhaut aus dem Silizium und Aluminium empfohlen, entgegen der sonstigen Praxis mit Sauerstoffüberschuß zu arbeiten, d. h. mit kurzem straffen Flammenkegel und von der Lötstelle um mindestens die Kegellänge fortzubleiben. Dabei soll sich die Schutzhaut schneller bilden und infolgedessen kein „Zinkrauch" entstehen. Das Lot soll nicht schäumen, sondern ganz glatt fließen.

Nur für Kupferlötungen und nur dort geeignet, wo die Sprödigkeit der Lotnaht nicht stört, sind phosphorhaltige Lote, z. B. das „Eutektophid" oder das gleich legierte „Emo-Lot". Es sind nahezu eutektische Phosphor-Kupfer-Legierungen mit rd. 8% Phosphorgehalt, die bei etwa 710° C schmelzen. Das Lot ist äußerst spröde, es verhält sich wie Glas, das auch bei Raumtemperatur spröde ist. Es läßt sich auch wie zähflüssiges Glas bei höheren Temperaturen, etwa 400° ausziehen.

Mit Kupfer kann es sogar ohne Flußmittel verwendet werden, weil der Phosphordampf die Kupferoxyde reduziert. Das Lot ist oberhalb des Eutektikums ungewöhnlich dünnflüssig und verdient wegen seiner sonst nur von Silberloten erreichten niederen Arbeitstemperatur beim Löten von Buntmetallen starke Beachtung. Wärmetauscher von Gas-Wasserheizern, Kondensatoren u. a. Geräte können vorteilhaft damit hergestellt werden. Dagegen sind diese Lote vollkommen ungeeignet für Eisen- und Stahlteile.

19. Silberlote. Silber ist etwa 20mal teurer als Kupfer und Zink und auch noch kostspieliger als die übrigen für die Herstellung von Hartloten verwendeten Metalle. Wenn trotzdem Lote verwendet werden, die bis zu 50% und in Sonderfällen noch mehr dieses wertvollen Metalles enthalten, so liegt dies in den ausgezeichneten Eigenschaften, die das Silber der Lotlegierung verleiht. Es ist schon darauf hingewiesen worden, daß der Schmelzpunkt durch den Silberanteil entscheidend gesenkt werden kann. Diese Eigenschaft teilt das Silber mit anderen Metallen, jedoch machen diese als Legierungszusatz das Lot meist so spröde, daß es praktisch nicht brauchbar ist.

Der niedrigere Schmelzpunkt der Silberlote schafft die Voraussetzungen für eine arbeits- und wärmesparende Löttechnik. Dies ist nicht nur von der Erwärmungsseite her wichtig, sondern trägt auch zur schonenden Behandlung der Werkstücke wesentlich bei. Wärmeempfindliche Werkstoffe lassen sich in bestimmten Fällen überhaupt nur mit Silberloten löten, wenn die Eigenschaften des zu lötenden Teiles keine entscheidende Änderung durch die Wärmebehandlung beim Löten erfahren sollen. Sodann erhöht Silber in Hartloten die Festigkeit des Lotes, und schließlich ist es durch den glatten Fluß der Silberlote möglich, sehr sauber zu arbeiten. In Tabelle 7 sind genormte Silberlote nach DIN 1734 mit Arbeitstemperaturen von $620 \cdots 860°$ C enthalten. In der dritten Spalte, die die Zusammensetzung der Lote angibt, sind vor allem Kupfer, Zink, Zinn und Kadmium als Zusätze anzutreffen. Für Sonderzwecke tauchen auch Nickel und Mangan unter den Legierungsbestandteilen auf. Wie die Spalte „Verwendungsbeispiele" erkennen läßt, gibt es unter der Vielzahl der genormten Silberlote solche, die dem jeweils vorliegendenn Anwendungsfall am besten angepaßt sind.

Der in den Normblättern erwähnte Begriff „Zweitlot" und der dazu gehörige Begriff „Erstlot" betrifft Lote für aufeinander folgende Lötungen. Häufig muß, namentlich bei handwerklichen Arbeiten, eine zweite, oft auch dritte Lötung an Stellen erfolgen, an denen bereits vorher gelötet wurde. Bei diesen folgenden Lötungen darf natürlich die Erwärmung der Lötstelle nicht soweit gehen, daß die erste, oft unzugängliche Lötnaht aufgeht. Es muß also das Zweitlot bei Temperaturen schmelzen, bei denen die Festigkeit der Erstlötung noch für den Zusammenhalt der Teile ausreicht.

An Stelle des Schmelzbereichs ist in den DIN-Blättern die Arbeitstemperatur angegeben. Bei der am niedrigsten schmelzenden Legierung LAg 45, die aus vier Metallen zusammengesetzt ist, fallen Schmelzbeginn und Schmelzende annähernd in der Schmelztemperatur der eutektischen Legierung zusammen. Alle anderen Legierungen haben größere Schmelzbereiche. Bei der Arbeitstemperatur, die hier oft unter dem Schmelzende des Lotes liegt, ist erfahrungsgemäß das Lot schon so flüssig, daß es die vorhandenen festen oder breiigen Bestandteile mitnehmen kann, wenn es in die Lötfuge eindringt oder — wie es in der Fachsprache heißt — zu „verschießen" beginnt.

Für das Hartlöten von *Edelmetallen* mit Silberloten wird auf das Normblatt DIN 1735 verwiesen. Die dort enthaltenen Lote haben einen Silbergehalt von $45 \cdots 83\%$. Dieser „Feingehalt" liegt vor allem so hoch, weil ohnehin an sehr wertvollen Werkstücken gelötet wird und Punzierungsvorschriften, sowie Farbe und

Tabelle 7. *Silberlote für Schwermetalle und Eisenwerkstoffe* (nach DIN 1734*)

Das Blatt enthält die vorzugsweise zu verwendenden Silberlote mit 8 bis 50% Silbergehalt, soweit sie zum Hartlöten von Schwermetallen (ausschließlich Edelmetallen) und Eisenwerkstoffen verwendet werden. Silberärmere Löt- und Schweißlegierungen siehe DIN 1733; silberreichere Lote siehe DIN 1735. Weichen die Kurzzeichen dieses Blattes bei bereits früher genormten Metallen von den bisherigen Kurzzeichen ab, so sind die bisherigen Kurzzeichen aufgehoben.

Für einige der in diesem Blatt angegebenen Legierungen oder für ihre Verwendung bestehen im In- und Auslande gewerbliche Schutzrechte oder Schutzrecht-Anmeldungen.

Benennung	Kurzzeichen	Zusammensetzung %	Arbeitstemperatur mindestens °C	Verwendung[1]		Bemerkungen
				Werkstoff der zu verbindenden Teile	Verwendungsbeispiele[2]	
Silberlot	**LAg 8**	Ag 7 bis 9 Cu bis 55 Zn Rest	860	Eisen und Stahl, Kupfer und Kupferlegierungen mit mindestens 63% Cu	Große Lötungen an dicken Teilen, z B. starken Heizwendeln	—
Silberlot	**LAg 12**	Ag 11 bis 13 Cu bis 52 Zn Rest	830	Eisen und Stahl Kupfer und Kupferlegierungen mit mindestens 56% Cu	Große Lötungen an mitteldicken Blechen, Drähten, Rohren Dicke Teile	—
Silberlot 12 Cd	**LAg 12 Cd**	Ag 11 bis 13 Cd 5 bis 9 Cu bis 52 Zn Rest	800	Kupfer und Kupferlegierungen	Kleine Lötungen an dicken Teilen aus Kupfer und Kupferlegierungen. Löten von Kupfer und Kupferlegierungen mit Stahl	—
Silberlot 15	**LAg 15**	Ag 14 bis 16 Cd 8 bis 12 Cu bis 49 Zn Rest	770	Eisen und Stahl Kupfer und Kupferlegierungen	Kleine Lötungen an plattiertem Stahlblech Mitteldicke Teile	—

Silberlot 15 P	LAg 15 P	Ag 14 bis 16 Cu bis 82 P Rest	710	Kupfer und Kupferlegierungen	Kleine Lötungen an mitteldicken und dünnen Teilen, wenn die Sprödigkeit der Lotnaht nicht stört	Nur im Austausch gegen gleichschmelzende silberreichere Lote verwenden
Silberlot 20	LAg 20	Ag 19 bis 21 Cd 13 bis 17 Cu bis 43 Zn Rest	750	Eisen und Stahl, Kupfer und Kupferlegierungen	Kleine Verlötung von dünnen plattierten Blechen miteinander oder mit Stahl, z. B. Messerhefte	—
Silberlot 25	LAg 25	Ag 24 bis 26 Cu bis 43 Zn Rest	780	Eisen und Stahl Kupfer und Kupferlegierungen	Dünne Bleche, Drähte und Rohre, z. B. für Optik, Feinmechanik Große Lötungen an dicken und mitteldicken Teilen, wenn hohe Warmfestigkeit beim Löten und im Gebrauch erforderlich ist	Nur verwenden, wenn LAg 12 zu streng fließt, LAg 15 und LAg 20 nicht warmfest genug sind
Silberlot 25 Cd	LAg 25 Cd	Ag 24 bis 26 Cd 12 bis 16 Cu bis 42 Zn Rest	730	Kupfer und Kupferlegierungen	Kleine Lötungen an mitteldicken und dünnen Teilen	—
Silberlot 27	LAg 27	Ag 26 bis 28 Cu bis 40 Mn bis 10 Ni bis 6 Zn Rest	840	Chemisch beständige Stähle Hartmetall	Große und kleine Lötungen an dicken und dünnen Teilen, z. B. hartmetallbewehrte Fassonstähle	—
Silberlot 30 Cd 5	LAg 30 Cd 5	Ag 29 bis 31 Cd 3 bis 7 Cu bis 44 Zn Rest	770	Kupfer- und Kupferlegierungen	Große und kleine Lötungen, die nachträglich verformt werden (Drücklot)	Nur verwenden, wenn LAg 15 und LAg 25 versagen
Silberlot 30 Cd 12	LAg 30 Cd 12	Ag 29 bis 31 Cd 10 bis 14 Cu bis 36 Zn Rest	700	Kupfer und Kupferlegierungen	Kleine Lötungen an mitteldicken und dünnen Blechen, Drähten, Rohren; Zweitlot nach LAg 15 u. ä.	Nur verwenden, wenn LAg 20 und LAg 25 Cd zu hoch schmelzen

Tabelle 7. *(Fortsetzung)*

Benennung	Kurzzeichen	Zusammen-setzung %	Arbeits-temperatur mindestens °C	Verwendung[1]		Bemerkungen
				Werkstoff der zu verbindenden Teile	Verwendungsbeispiele[2]	
Silberlot 38	**LAg 38**	Ag 37 bis 39 Cu bis 42 Sn bis 4 Zn Rest	800	Baustähle und Bronzen	Kleine Lötungen an Turbinen, Pumpen u. ä. Maschinen, wenn Seewasserbeständigkeit verlangt wird	Nur verwenden, wenn LAg 12, LAg 12 Cd, LAg 15 und LAg 25 nicht seewasserbeständig genug
Silberlot 44	**LAg 44**	Ag 43 bis 45 Cu bis 32 Zn Rest	730	Kupfer und Kupferlegierungen Stähle	Große Lötungen an dünnen Teilen, wenn hohe Warmfestigkeit beim Löten oder im Gebrauch erforderlich; oder Zweitlot nach LAg 25 Bandsägenlötungen	Nur verwenden, wenn LAg 25 zu streng fließt, LAg 25 Cd nicht warmfest genug ist
Silberlot 45	**LAg 45**	Ag 44 bis 46 Cd 18 bis 22 Cu bis 19 Zn Rest	620	Chemisch beständige Stähle Kupfer und Kupferlegierungen	Kleine Lötungen, wenn das Werkstück besonders erhitzungs- oder spannungsempfindlich ist; Drittlot	Nur verwenden, wenn LAg 30 Cd 12 zu streng fließt, oder als Drittlot nach LAg 30 Cd 12
Silberlot 49	**LAg 49**	Ag 48 bis 50 Cu bis 18 Mn bis 8 Ni bis 5 Zn Rest	690	Chromdiffundierte Stähle	Große und kleine Lötungen und kleine Ausbesserungen an der chromdiffundierten Schicht	—
Silberlot 50	**LAg 50**	Ag 49 bis 51 Cd 3 bis 7 Cu bis 32 Zn Rest	700	Kupfer und Kupferlegierungen	Kleine Lötungen; Zweitlot nach LAg 30 Cd 5 (Drücklot) und bei besonderen Anforderungen an Korrosionsbeständigkeit	Nur verwenden, wenn LAg 30 Cd 5 und LAg 44 zu streng fließt, oder als Zweitlot nach LAg 30 Cd 5

* *Anmerkung:* Maßgebend ist die neueste Auflage dieses Normblattes, die vom Beuth-Vertrieb, Berlin W 15 oder Köln, zu beziehen ist. Fachnormenausschuß Nichteisenmetalle im Deutschen Normenausschuß

[1] Es ist zu empfehlen, sich wegen der Wahl der Lote mit dem Lieferer in Verbindung zu setzen.

[2] Die Bezeichnung „große Lötungen" gilt für lange Stoßfugen, überlappte Lötungen sowie diejenigen Lötstellen, welche im Gebrauch einer merklichen Zug-, Biege- oder Schubspannung ausgesetzt sind. Bei „kleinen Lötungen" sind Länge und Dicke bzw. Breite der Fuge größenordnungsmäßig gleich; ihre mechanische Beanspruchung ist gering oder besteht in Druckspannungen.

Lieferart in Knetform, Gußform und Kornform.

Korrosionsverhalten der Lötstelle die Verwendung hoher Silbergehalte notwendig machen.

Für *Kupfer und Kupferlegierungen* ist das Lot L Ag 15 P besonders geeignet. Es entspricht dem unter den unedlen Loten angeführten Kupfer–Phosphor-Lot CuL P 8. Mit diesem verglichen ist es etwas dehnbarer; trotzdem ist die Sprödigkeit der Lötnaht noch recht groß. Es kann bei Kupfer ohne Flußmittel verwendet werden und gibt Festigkeiten von etwa 25 kg/mm². Die Anwendung bei Messing erfordert schon ein Flußmittel, für Nickel- und Eisenlegierungen ist das Lot ungeeignet, weil es spröde Legierungen mit diesen Metallen bildet.

Für *Stähle mit hohen Chromgehalten,* insbesondere Chrom–Nickel-Stähle, werden die nickel- und manganhaltigen Lote LAg 27 und LAg 49 empfohlen. Die Zerreißfestigkeiten dieser Legierungen liegen bei 30 bzw. 40 kg/mm². Wichtig ist auch die höhere Festigkeit dieser Lote bei höheren Temperaturen.

Für die Lötung an Hartmetallen ist das manganhaltige Lot L Ag 49 gleichfalls gut geeignet. Dafür gibt es daneben noch sehr brauchbare Sonderentwicklungen unter den nicht genormten Loten, wie weiter unten noch ausführlich beschrieben wird (vgl. Tabelle 8, S. 44). Da die Silberlote in Draht und Blechform, sowie als Feilung geliefert werden, besteht die Möglichkeit, die Lotmenge jeweils in der sparsamsten Weise zu verwenden und durch richtige Bemessung die Vorteile des sauberen Flusses der Silberlegierungen auszunutzen und Nacharbeiten zu verringern oder ganz zu vermeiden.

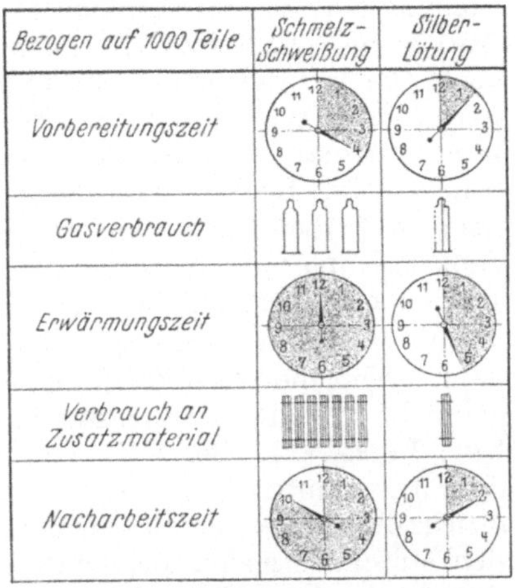

Im übrigen ist der Preis des Lotes allein nicht gleichbedeutend mit dem Preis der Lötstelle. Trotz des höheren Aufwandes für das Lötmaterial kann die Einsparung an Arbeitszeit und Energiekosten für die Erwärmung und der Fortfall des nachträglichen Putzens den Mehrpreis des Silberanteils mehr als ausgleichen. Deshalb soll man stets die *Gesamtkosten* einer Lötung erfassen und dann erst die Entscheidung über die Verwendung edler oder einfacher Lote treffen. Eine vergleichende Gegenüberstellung der Silberlötung und Schmelzschweißung sei in diesem Zusammenhang in Abb. 19 wiedergegeben.

Bezogen auf 1000 Teile	Schmelz-Schweißung	Silber-Lötung
Vorbereitungszeit		
Gasverbrauch		
Erwärmungszeit		
Verbrauch an Zusatzmaterial		
Nacharbeitszeit		

Abb. 19. Gegenüberstellung von Schweiß- und Hartlötkosten (nach Angaben der Castolin A. G., Lausanne).

B. Flußmittel.

Die Flußmittel dienen auch beim Hartlöten zum Freilegen der sauberen Metallfläche und als Schutz gegen Oxydation der Arbeitsstelle bei den angewendeten hohen Temperaturen.

20. Borax und Borsäure kommen etwa ab 750° als wichtigste Flußmittel, allein oder fast stets in ihnen enthalten, in Frage.

Der *Borax* — chemisch Natrium-Tetraborat = $Na_2B_4O_7 \cdot 10\,H_2O$ — ist ein weißes Salz, das in der handelsüblichen Form an 47 Gewichts % Kristallwasser gebunden ist. Beim Erhitzen wird dieses ausgetrieben, wobei der Borax aufbläht, was beim Löten sehr lästig ist, weil oft das Lotmetall dabei verschoben oder die Lötstelle gestört wird. Wenn Borax nicht in wäßriger Lösung oder als Paste, sondern als Pulver verwendet wird, sollte das Kristallwasser vorher ausgetrieben sein.

„Kalzinierter oder gebrannter Borax" kann in einfacher Weise aus handelsüblichem Borax durch vorsichtiges Erhitzen hergestellt werden. Gebrannter Borax läßt sich in konzentrierten Alkoholen lösen; mit Wasser angerührt, nimmt er sein Kristallwasser schnell wieder auf. Borax schmilzt bei 741° C, ist dann dünnflüssig und löst die Oxyde von Kupfer, Zink, Zinn, Eisen, Nickel, Silizium, Silber und Cadmium. Die Oxyde von Aluminium, Chrom und Beryllium lösen sich in geschmolzenem Borax dagegen nicht. Da die lösliche Menge der Oxyde in der Schmelze begrenzt ist, muß Borax in größeren Mengen angewendet werden, wenn es sich um stark oxydierte Oberflächen handelt.

Beim Erkalten erstarrt das Salz zu einer durch gelöste Oxyde gefärbten glasartigen Schicht, die sich oft nur schwer entfernen läßt. An Stellen, die nicht zugänglich sind, können die Flußmittelreste mit einer 10%igen Schwefelsäurelösung abgebeizt werden. Dies ist ein Vorgang, der sehr lange dauern kann und ein nachträgliches Spülen erfordert.

Die *Borsäure*, richtiger Ortho-Borsäure, H_3BO_3, nimmt ebenfalls eine wichtige Stellung ein. Sie enthält auch Kristallwasser, das beim Erwärmen — jedoch ohne Aufblähen — entweicht. Ihr Schmelzpunkt liegt schon bei 580° C. Beim Schmelzen deckt die Flüssigkeit auf Grund ihres großen Ausbreitvermögens die Lötstelle ab und schützt sie vor weiterer Oxydation. Ihr Lösungsvermögen für Metalloxyde beginnt trotz des niederen Schmelzpunktes erst bei höheren Temperaturen als beim Borax. Deshalb wird die Borsäure in erster Linie dort empfohlen, wo Temperaturen über 850° C angewendet werden, vornehmlich also beim Löten mit Bronze, Kupfer und Messinglegierungen. Ihre emailleartigen Rückstände lassen sich leichter entfernen als die vom Borax.

Oft werden *Borax und Borsäure* miteinander *vermischt* verwendet, vor allem dann, wenn die Borsalze durch Eintauchen der Werkstücke in eine Lösung aufgebracht werden. Das Wasser löst nämlich nur eine bestimmte Menge Borsäure bzw. Borax auf. Bei Verwendung eines Mittels allein kommt man also nur zu einer bestimmten Konzentration an Borsalzen. Verwendet man aber beide Salze gleichzeitig, so ist die Gesamtlösung an Borsalzen noch größer als die Summe der sich einzeln lösenden Bestandteile. Taucht man Werkstücke in eine heiße, gesättigte Borsäure–Borax-Lösung, so verdunstet der Wasseranteil nach dem Herausnehmen sehr schnell und es bleibt eine dünne Kruste von Borverbindungen übrig, die nach dem Schmelzen der Borsäure vor allem bei Ofenarbeiten einen ausgezeichneten Schutz gegen Zundern bietet.

21. Flußmittel für Temperaturen unter 800°. Borax und Borsäure sind für Temperaturen von etwa 800° und mehr Bestandteil aller marktgängigen Flußmittel zum Löten und Schweißen. Unterhalb dieser Temperaturen aber ist ihre beizende Wirkung unzureichend. Man hat deshalb Flußmittel entwickelt, die mit Borax oder Borsäure gemischt oder allein verwendet eine oxydlösende Wirkung schon bei geringeren Temperaturen ausüben. Chloride und Fluoride, gelegentlich auch Phosphate sind die Hauptbestandteile solcher Flußmittel, wie sie z. B. für Silberlötungen verwendet werden. Neben der Senkung der Wirkungstemperatur haben die Alkalifluoride noch den Vorteil, die in Borax und Borsäure unlöslichen Oxyde zu entfernen. Aluminiumoxyd auf Aluminiumbronzen, die sehr widerstandsfähigen Chromoxyde auf Edelstählen und rostfreiem Stahl, sowie die Oxyde von Silizium und Beryllium lassen sich durch Zumischung von Kaliumbifluorid und Natriumfluorid entfernen. Im Gegensatz zu der Lösung der Oxyde bei den Borsalzen wirken die Fluoride und Chloride durch ihren Halogensäuren freigebenden Zerfall bei der Löttemperatur.

Zu berücksichtigen ist dabei, daß einzelne Chloride und vor allem die Fluoride beim Löten Dämpfe abgeben, die sehr giftig sind und nicht eingeatmet werden dürfen. Das starke Lösungsvermögen dieser Salze ermöglicht die Anwendung geringerer Mengen. Auch sind die entstehenden Krusten leichter zu entfernen als die emailleartigen Reste der Borsalze.

Die Hersteller der Silberlote empfehlen und liefern Flußmittel, die auf die jeweiligen Lote abgestimmt sind. Es kann namentlich bei der Verwendung von Silberloten nur empfohlen werden, diese in Form von Pasten oder Pulver gelieferte Sonderflußmittel zu verwenden.

Ähnlich den flußmittelgefüllten Weichlotstäben sind auch *Hartlote mit Flußmittelkern* im Handel. Im allgemeinen wird das Flußmittel mit einer Bürste oder einem Spatel auf die Lötstelle aufgetragen oder mit dem Lotstab unmittelbar aufgebracht. Der heiße Lotstab wird dabei in das Flußmittel eingetaucht und das anhaftende pastenförmige oder anklebende feste Mittel der Lötstelle zugeführt.

22. Gasförmige Flußmittel. Es ist möglich, Flußmittel gasförmig der Lötstelle zuzuführen. Aus flüchtigen Borverbindungen, z. B. aus dem Borsäure-Methylesther, bilden sich in der Löthitze Borverbindungen, welche eine ähnliche Wirkung haben, wie die bei der Behandlung von Borax und Borsäure beschriebenen. Das Flußmittel wird in einer geschlossenen Dose in das Vergasergerät (Abb. 20) eingeführt, das in die Azetylenleitung zum Brenner eingeschaltet ist. Eine Dose mit Flußmittel reicht für etwa 6 m³ Azetylen. Dadurch werden Dämpfe der organischen Borverbindung dem durchströmenden reinen Azetylen zugemischt und so der Lötflamme zugeführt. Die Regelung erfolgt durch Sättigung eines bestimmten Teiles der durchgehenden Gasmenge. Es ist notwendig, daß das Azetylen dem Gerät trocken zugeführt wird. Die entstehenden Kosten sind sehr gering und sollen sich auf einen Bruchteil des üblichen Flußmittelaufwandes belaufen. Es ist einzusehen, daß die Zulieferung des Flußmittels sehr gleichmäßig ist und genau dosiert werden kann. Das wiederholte Eintauchen der Lötdrähte oder das Bestreuen mit Borax entfällt und der Arbeiter kann seine ganze Aufmerksamkeit dem eigentlichen Löten widmen. Das Flußmittel hinterläßt nur einen schwachen Niederschlag an den Rändern der Lötnaht, der durch Abwischen entfernt werden kann. Nur bei rostfreien Stählen bildet sich eine Schlackenschicht, die sich aber leicht abwaschen läßt.

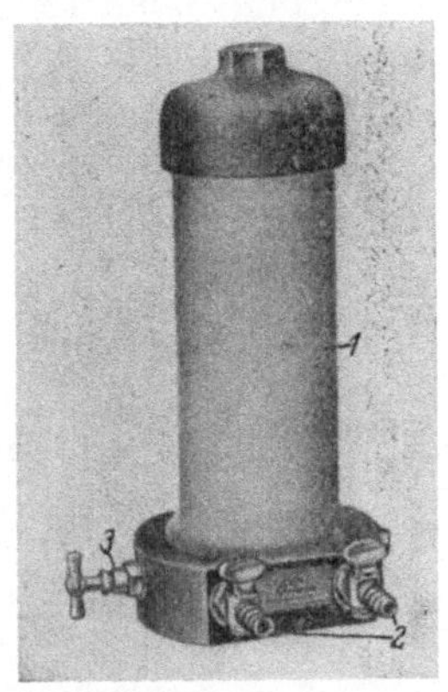

Abb. 20. Vergasergerät zur Sättigung von Azetylen mit dampfförmigem Flußmittel (Ges. f. LINDES Eismaschinen, München). *1* Behälter zur Aufnahme der Flußmitteldose; *2* Zu- und Ableitung für Azetylen; *3* Durchflußregler. Gesamthöhe 325 mm, Gewicht mit Füllung rd. 9,5 kg.

C. Technik des Hartlötens.

23. Wärmequellen.

a) Schmiedefeuer. Das älteste Verfahren des Hartlötens im Schmiedefeuer hat sich noch bis auf den heutigen Tag in der handwerklichen Praxis hier und da erhalten. Die Wärme wird in erster Linie durch die Strahlung der glühenden Kohle auf das Lötteil übertragen.

Im allgemeinen wird im Feuer mit Kupfer gelötet, gelegentlich auch mit Messing oder einem Zusatz von Messing. Dieses wird meist in gekörnter Form mit Borax gemischt angewendet. Gelegentlich werden die Teile mit Lehm verschmiert, um die Lötstelle vor dem unmittelbaren Angriff der bei der Verbrennung der Schmiedekohle entstehenden schwefelhaltigen Gase zu schützen. Die herumfliegende Asche ist eine weitere lästige Begleiterscheinung der Feuerlötung. Ihre Kosten sind erheblich höher, als gemeinhin angenommen wird. Heute hat das Löten in der Schmiedeesse nur noch geschichtliche Bedeutung. Der Schweißbrenner ermöglicht eine schnellere, sauberere, billigere und bessere Arbeit.

b) Lötpistole. Die höheren Temperaturen für das Hartlöten machen die Anwendung von Lötkolben unmöglich und lassen einfache Brenner nur bei kleinen Gegenständen zu. Meistens wird mit besonderen *Lötpistolen* gearbeitet, die mit Gas und Luft oder Sauerstoff betrieben werden, oder mit dem *Azetylen-Schweißbrenner*, der noch höhere Temperaturen erzeugt. Mit Sauerstoff arbeitende Brenner erwärmen das Werkstück zwar schneller, doch erfordert ihre Anwendung wegen der Gefahr des Durchbrennens und Überhitzens mehr Übung, als die milder wirkenden Gas- und Luft-Gebläse. Mit diesen Brennern wird die Lötstelle so erwärmt, daß die zu verbindenden Teile und das Lot etwa gleichzeitig auf die richtige Löttemperatur kommen. Da die Lötgebläse und Schweißbrenner auch eine mechanische Wirkung ausüben, verschieben sie oft das Lötmaterial oder blasen vorher pulverförmig aufgebrachtes Lot oder Flußmittel fort. Deshalb empfiehlt es sich, einen heißen Lotstab in pulverförmiges Flußmittel einzutauchen, das haften bleibt und so der Lötstelle zugeführt werden kann. Auch pastenförmige Flußmittel sind hier geeignet. Bei Einstellung der Schweißbrenner ist im allgemeinen auf eine neutrale, noch besser auf eine leicht reduzierende Flamme zu achten, denn die bei der reduzierenden Verbrennung freiwerdenden Gasanteile an Wasserstoff und Kohlenoxyd vermögen vorhandene Metalloxyde zu spalten und das reine Metall daraus wieder freizumachen, also die Lötstelle zu säubern. Man kann diese beizende Wirkung der Flamme am Spiegel des laufenden Lotes oft gut erkennen. Abb. 21 zeigt schematisch, daß die reduzierende Flamme am blauen Flammenkegel und einem hellen grünen Schleier zu erkennen ist. Die höchste Temperatur und die Stelle der Flamme, die zur starken örtlichen Erwärmung auf das Werkstück zu richten ist, liegt kurz hinter der Spitze des Innenkegels. Bei Gas–Luftbrennern liegt die heißeste Stelle unmittelbar am Ende der Flamme.

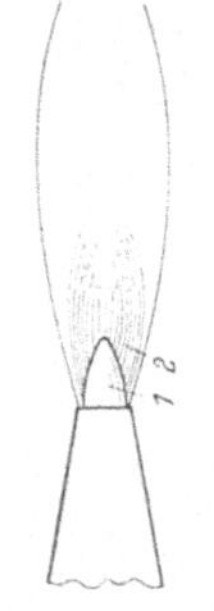

Abb. 21. Flammenbild eines Azetylenbrenners mit leicht reduzierender Einstellung. *1* blauer Kern; *2* grüner Schleier.

Bei Kupfer und hochprozentigen Kupferlegierungen ist besser ohne Gasüberschuß zu arbeiten, weil Wasserstoff bei reduzierender Einstellung in das feste Kupfer eindringen kann und mit dort vorhandenen Oxydeinschlüssen Wasserdampf bildet, der seinerseits nicht entweichen kann, sondern eine Sprengwirkung ausübt. Um diese Wasserstoffkrankheiten zu vermeiden, sollte besser die Entfernung der Oxyde dem Flußmittel allein überlassen und mit neutraler Flamme gearbeitet werden.

c) Tauchlötung. *Lotbad.* Streng genommen ist auch das Feuerverzinken ein Lötverfahren. Eisenteile werden hier zusammengebaut, in ein schmelzflüssiges Zinkbad von rd. 450° C eingebracht, wobei nicht nur die Oberfläche der Teile mit einer korrosionshemmenden Schicht überzogen wird, sondern alle Teile miteinander durch das in die Fugen eindringende Zink fest verbunden werden. Das Feuerverzinken soll aber im Rahmen dieses Buches nicht weiter behandelt werden, da es hierüber ausgezeichnete Fachbücher gibt [5][1].

Im Gebiet der höheren Temperaturen sind Tauchlötungen in Metallbädern verhältnismäßig selten. Man verwendet gelegentlich von außen beheizte Graphitwannen, um ein Messing-Tauchbad herzustellen. Die Oberfläche ist gegen die Luft durch eine Schutzschicht, meistens Borax oder Borsäure, abgedeckt. Auch die

---

[1] Die Zahlen in eckiger Klammer verweisen auf das Schrifttum S. 67/68.

in das Bad einzutauchenden, zusammengesetzten Teile werden durch diese Schutzdecke gereinigt, so daß das dünnflüssige Metall in die Fugen eindringt und die Lötung auf diese Weise herstellt.

Die Teile werden von dem flüssigen Metall erwärmt. Daher muß der Badinhalt eine im Verhältnis zu den aufzuwärmenden Teilen angemessene Größe haben. Häufig werden die einzutauchenden Werkstücke auch vorher in Öfen vorgewärmt. Dieses Hartlöten im Messingbad ist zum Teil noch in der Fahrradindustrie anzutreffen; es wird aber auch dort durch andere Verfahren stetig verdrängt. Der Vorzug der Lötung von Fahrradrahmen in Tauchbädern liegt vor allem in der Beschränkung der Erwärmung auf die eingetauchten Teile des Werkstücks. Dadurch wird ein Ausglühen der hoch beanspruchten Rahmenrohre, die nicht mit eingetaucht werden, vermieden. Sie würden sonst beim Erwärmen einen Teil der Kaltverfestigung verlieren und eine Festigkeitseinbuße erleiden. Man kann aber z. B. durch Induktionserwärmung die gleiche Wirkung auf einfachere Weise und sauberer erzielen.

Salzbad. Beim Salzbadlöten, das oft beschrieben, aber verhältnismäßig selten verwendet wird, erfolgt die Erwärmung der Lötteile in einem Bade geschmolzener Salze. Unter den Bestandteilen dieser Schmelze sind auch solche, die Metalloxyde zu lösen und damit die Lötstelle zu säubern vermögen. Die Lötteile werden fertig zusammengebaut und belotet in das Salzbad eingetaucht. Nach dem Erwärmen der Teile, das sehr rasch erfolgt, dringt zunächst Salz in die Fugen ein und säubert sie, bevor es durch das infolge seiner größeren Dichte nachdrängende Lot aus der Fuge entfernt wird.

Es können nahezu alle Hartlote verwendet werden. Das anhaftende Salz schützt die Teile beim Herausnehmen, es muß aber bald entfernt werden. Die Notwendigkeit, alle Salzreste sorgfältig zu entfernen, beschränkt die Anwendung des Verfahrens auf leicht zu reinigende Teile, also solche ohne Hohlräume, aus denen das Salz nicht herausgelöst werden kann. In USA wird das Löten im Tauchbad gelegentlich mit dem Aufkohlen der Teile verbunden.

Die verhältnismäßig hohen Kosten, die durch Abbrand oder Verschleiß der Wannen entstehen und das ständige Herausführen von anhaftendem Metall bzw. Salz an allen eingetauchten Oberflächen, auch an denen, die an der Lötung gar nicht beteiligt sind, tragen die Schuld an der geringen Verbreitung dieser an sich guten, zuverlässigen und einfachen Verbindungsmöglichkeit.

d) Induktionslöten. Beim Hartlöten durch Induktionserwärmung wird das Werkstück durch Wirbelströme erhitzt, die von einer das Werkstück umgebenden Arbeitsspule durch einen Wechselstrom höherer Frequenz im Innern des Werkstückes induziert werden. Die Verteilung dieser Wirbelströme und damit die Wärmeerzeugung über den Querschnitt des Werkstücks ist jedoch nicht gleichmäßig. Durch den „elektromagnetischen Hauteffekt" werden die induzierten Wirbelströme hauptsächlich an der Außenfläche des Werkstücks zusammengedrängt und dies um so stärker, je höher die Frequenz des Wechselstromes ist. Die Eindringtiefe verhält sich umgekehrt wie die Frequenz des Wechselstromes. Je stärker die Ströme in der Randzone sind, je höher also die Energie- und Wärmeentwicklung hier verdichtet wird, um so weniger kann bei der Schnelligkeit der Erhitzung anteilige Wärme in das Werkstück-Innere abfließen. Durch die Bemessung der Energiedichte und die Wahl der Frequenz haben wir es also in der Hand, das Werkstück annähernd gleichmäßig zu erwärmen oder die Wärmeentwicklung im wesentlichen auf die Randzone zu beschränken.

Darin liegt beim Hartlöten gegenüber anderen Verfahren, bei denen der Werkstoff der Lötstelle bis zum Kern fast gleichmäßig erwärmt wird, ein Vorzug. Durch die Begrenzung der Wärmeeinwirkung auf die Lötzone kann z. B. die Güte der Hartmetallwerkzeuge verbessert werden, denn ehe noch der Kern des Schneidenträgers auf kritische Temperatur kommt, ist die Lötung vollzogen.

Je nach der Höhe der Frequenz des erzeugten Wechselstromes unterscheidet man Hochfrequenz- und Mittelfrequenzanlagen. In den *Hochfrequenzanlagen* wird der Wechselstrom durch Schwingungskreise mit Röhrengeneratoren (Sendern) erzeugt. Dies sind verhältnismäßig verwickelte elektrische Einrichtungen, die als Industriegeneratoren für kleinere Leistungen in verschiedenen Ausführungen auf dem Markt sind. Der übliche Frequenzbereich liegt zwischen 300 000 und 500 000 Hz (Hertz = Perioden je Sekunde), oft auch noch weit darüber. Für kleine Querschnitte bei etwa 10 mm Außendurchmesser oder etwa 100 mm² Querschnitt, z. B. von Büromaschinenteilen, sind diese Anlagen gut geeignet.

Da es beim Löten aber nicht so wichtig ist, nur die äußerste Schicht zu erwärmen, sondern eine gewisse Tiefenwirkung notwendig und eine beherrschte Durchwärmung des Werkstücks erwünscht ist, wird bei größeren Querschnitten von etwa 100···10 000 mm² besser mit *Mittelfrequenz* gearbeitet. Man wählt dazu etwa 2000···10000 Hz, denn diese Frequenz läßt sich noch mit *Maschinenumformern* erzielen. Ebenso wie die Anschaffungskosten für diese Motorgeneratoren sind auch die laufenden Betriebskosten der Mittelfrequenzanlagen wesentlich geringer als die der Hochfrequenzerzeuger. Die Mittelfrequenz wird in einem Einphasen-Generator erzeugt, der von einem Motor mit Netzstrom mit rd. 3000 U/min angetrieben wird. Vielfach sind Motor und Generator auf einer Welle angeordnet, die mit nur zwei Lagerstellen im gleichen Gehäuse umläuft. Der im Generator

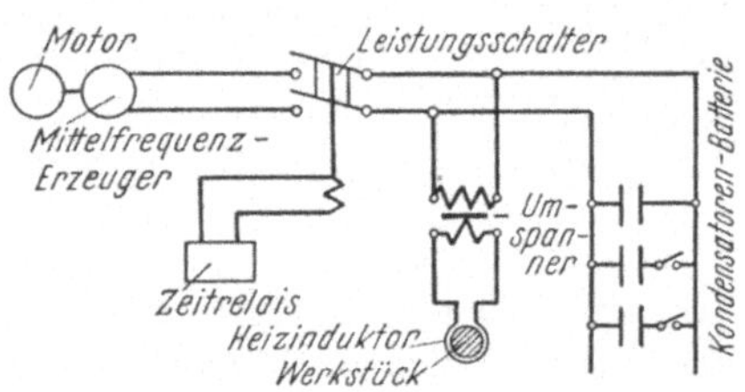

Abb. 22. Schaltschema einer Mittelfrequenzanlage. (nach SEULEN: DEW, Elotherm-Ges., Remscheid).

erzeugte Strom wird dem Lötinduktor meist über einen Mittelfrequenz-Transformator zugeführt, der die geeignete Spannung für die Heizinduktionsspule am Werkstück liefert. Abb. 22 stellt schematisch eine solche Mittelfrequenzanlage dar.

Die Induktionsspulen oder Heizschleifen, die bei Hoch- und Mittelfrequenzanlagen das Werkstück umgeben, sind jeweils für das zu erhitzende Teil zu gestalten. Zwischen ihrer Innenfläche und der Außenfläche des Werkstücks besteht keine leitende Verbindung. Die Energie wird ausschließlich durch das magnetische Wechselfeld übertragen. Beide Oberflächen sind durch einen Luftspalt getrennt, der etwa 1···3 mm beträgt. Im Luftspalt entstehen Verluste, daher sind die Induktoren dem Werkstück anzupassen. Glatte Rohre und zylindrische Werkstücke können mit ungeteilten ringförmigen Spulen erwärmt werden. Soll dagegen z. B. der Steuerkopf eines Fahrrades gelötet werden, so muß der Induktor aufklappbar gestaltet sein. Zur Bemessung der Spulen, bei der auch die Aufwärmezeit berücksichtigt werden muß, gehört einige Erfahrung. In vielen Fällen wird man sich mit einem vorhandenen Spulensatz helfen können, wenn die Wirtschaftlichkeit der Anlage nicht im Vordergrund steht. Die Spulen bestehen aus einem Kupferrohr von etwa 5 mm Durchmesser und mehr, durch dessen Inneres Kühlwasser geleitet wird. Bei mehrfach gewundenen Spulen kann die Kurzschlußgefahr durch Überziehen oder Einpacken der Windungen in Kunststoffmassen verringert werden.

Nach einem den Deutschen Edelstahlwerken geschützten Verfahren kann die Erwärmung in der Induktionsspule auch unter Schutzgas vorgenommen werden. Dabei wird dann die Lötung in einem Raum durchgeführt, der an einen Schutzgaserzeuger oder im einfachsten Fall an eine Wasserstoffflasche angeschlossen ist.

Die *Vorteile der Induktionslötung* liegen in der Beschränkung der Lötwärme auf die Lötstelle, in der Sauberkeit des Betriebes, im Zeitgewinn durch die schnelle Erwärmung und in der Möglichkeit, die Wärme von empfindlichen Teilen fernzuhalten. Besonders geeignet für die Induktionslötung sind: Verbindungsarbeiten an Hartmetallteilen und an Rohrleitungen, deren meist sperrige Abmessungen die Wahl des Verfahrens auf Flammenlötung oder Induktionslötung beschränken. Als weitere Anwendungsbeispiele sind Lötverbindungen an Fahrradrahmen, -gabeln, -lenkern, an Bremsteilen, Stoßdämpfern und vielen anderen ähnlichen Teilen zu nennen.

Abb. 23 zeigt eine Lötmaschine für Fahrradrahmen mit aufgeklapptem oberem Teil und abgenommenen Verkleidungsblechen im unteren, die Transformatoren enthaltenden Gestell. Die Lötinduktoren für die drei Lötstellen sind deutlich zu erkennen. Die Spulen *1* für den Steuerkopf und das Tretlager sind geteilt ausgeführt, während der Rahmen mit der Sattelmuffe in die (linke) ungeteilte Heizspule *2* eingeführt wird. Die Gesamtdauer der Lötung beträgt je Rahmen mit drei Lötstellen etwa 1 Minute, der Energieverbrauch rd. 0,8 kWh je Rahmen.

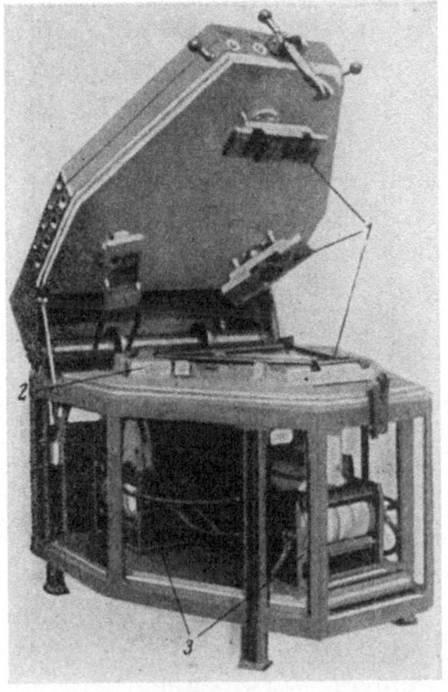

Abb. 23. Mittelfrequenz-Lötmaschine für Fahrradrahmen (Elotherm).
Die Seitenbleche der Verkleidung sind abgenommen. Der zu lötende Rahmen ist in die geöffnete Vorrichtung eingelegt.
1 Geteilte Heizspulen; *2* Ungeteilte Heizspule; *3* Mittelfrequenztransformatoren.

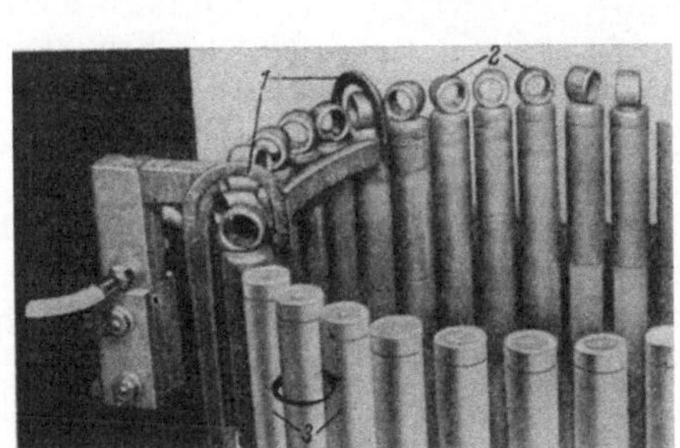

Abb. 24. Heizspule zum fortlaufenden Hartlöten von Stoßdämpfern (Elotherm). *1* Induktionsspule; *2* fertig gelötete Teile; *3* Aufnehmer für Lötteile (drehen sich in Pfeilrichtung).

Die Ausbildung der Heizspule für das Hartlöten der Köpfe auf Rohre an Stoßdämpfern ist in Abb. 24 gezeigt. Die Teile bewegen sich auf einem Drehtisch mit den Lötstellen an der tunnelförmig ausgebildeten Induktionsspule vorbei, die sieben Teile gleichzeitig an den Lötstellen erwärmt. Während des 12 Sekunden dauernden Lötvorganges drehen sich die Werkstücke noch um ihre eigene Achse, um die Erwärmung möglichst gleichmäßig über den Umfang zu gestalten.

Die weitere Verbreitung der Induktionsanlagen wird durch die verhältnismäßig hohen Anschaffungskosten der Mittel- oder Hochfrequenzanlagen begrenzt. Bei Einzelstücken oder kleinen Serien kommt sie deswegen nur in Sonderfällen in Frage. Dagegen ist die Induktionslötung bei großen Stückzahlen ähnlicher Teile den anderen Lötverfahren oft überlegen.

e) Widerstandserhitzung. Die Widerstandswärme, die beim Übergang starker Ströme niedriger Spannung an der Berührungsfläche zweier Werkstücke entsteht, kann zum Löten verwendet werden. Die notwendigen niedergespannten

Ströme werden wie bei der Punktschweißmaschine, bei der die Wärme auf dieselbe Art erzeugt wird, aus einfachen Transformatoren entnommen, die mit ihrer Primärwicklung am Stromnetz liegen. Wegen der technologischen Unterschiede dauert das Hartlöten jedoch wesentlich länger als das Schweißen eines Punktes.

In manchen Fällen kann unmittelbar zwischen den Elektroden einer Punktschweißmaschine gelötet werden, wobei besonders auf eine so vorsichtige Stromzuführung zu achten ist, daß keine örtlichen Überhitzungen entstehen. Die Übergangsstellen zwischen Werkstücken und Lot sind gut geeignete Widerstände für die Wärmeerzeugung. Es kann aber ebenso die Wärme von den Kupferelektroden in der unmittelbaren Nachbarschaft der Lötstelle eingeleitet werden. Wenn die Leistung der vorhandenen Maschine, namentlich bei kleinen Teilen noch zu groß sein sollte, muß zeitweise der Strom unterbrochen werden. Das Löten auf Punktschweißmaschinen ist jedoch nur ein Notbehelf. Besonders ausgebildete Lötgeräte, die mit Widerstandswärme arbeiten, sind in mehreren Ausführungen für bestimmte Zwecke, z. B. für die Verbindung der Bandsägeenden und zum Auflöten von Hartmetallen auf dem Markt.

Abb. 25 zeigt ein kleines Widerstandslötgerät für Bandsägen. Ein kleiner Transformator erzeugt einen Sekundärstrom, der über die Einklemmbacken durch die beiden Enden der eingespannten Bandsäge fließt. Die Widerstandswärme erhitzt die beiden Teile und bringt das an der Stoßstelle angebrachte Lot zum Fließen. Der dargestellte Hebel ermöglicht ein Zusammenpressen und ein gleichzeitiges Abschrecken der Lötstelle. Die Geschwindigkeit der Erwärmung kann durch einen eingebauten Schalter in Stufen eingestellt werden. Eine zweckmäßige Ausbildungsform der Stoßstelle von Bandsägen ist in Abb. 26 wiedergegeben. Bei dem schräg ausgebildeten Stoß wird das Lot weniger stark beansprucht, als es beim Stumpfstoß der Fall wäre.

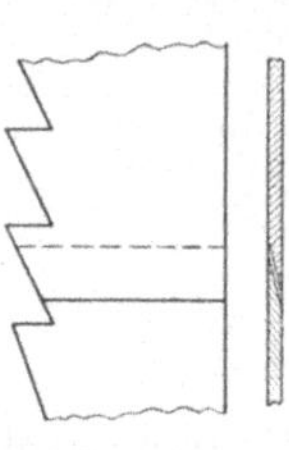

Abb. 25. Gerät zur Widerstandserwärmung von Bandsägenstößen (Siemens-Schuckert).

Abb. 26. Ausbildung der Lötstelle an Bandsägenblättern.

Auch zum Auflöten von *Schneidplättchen* aus SS-Stahl oder Hartmetall gibt es ähnliche Einrichtungen, die ebenso, wie die oben dargestellte, einen eingebauten, an das Lichtnetz anzuschließenden Transformator haben. Bei ihnen wird der Stahlträger zwischen zwei wassergekühlten Elektroden erwärmt. Ein Haltestift drückt das Plättchen aus SS-Stahl oder Hartmetall federnd gegen den Träger. Für Stahlschäfte bis zu 25×25 mm genügt ein Anschlußwert von 10 kVA. Der von der rechten Elektrode gegen den Stahlschaft drückende Kupferleiter hat etwa die Hälfte des Stahlschaft-Querschnittes. Die Lötstelle muß soweit von der linken Elektrode entfernt sein, daß die Wärme nicht abgeleitet wird.

Für kleine Hartlötungen, wie sie bei Optikern und in der feinmechanischen Industrie notwendig sind, kann auch die Widerstandserwärmung zwischen dem Lötteil und einem Kohlestift benutzt werden. Beim Löten eines Ringes z. B. (Abb. 27) fließt der Sekundärstrom eines Niederspannungstransformators durch Kohlestift, Ring und Zange. Die Stromdichte an der Kohlenspitze bringt die Kohle als solche zum Glühen und bringt zusammen mit der an der Übergangsstelle erzeugten Wärme die stumpfe Lötstelle des Ringes auf Löttemperatur. Brillenfassungen und ähnliche Teile können so gelötet werden. Verwendet werden hierbei in erster Linie Silberlote, die ein besonders sauberes Arbeiten an diesen Stellen ermöglichen.

24. Ausbildung der Lötstelle. Die wichtigste Frage bei der Vorbereitung der Teile zum Hartlöten ist die der Bemessung der Lötpassungen. Grundsätzlich geben die dünnsten Lotschichten die festesten und besten Verbindungen. Die landläufige Vorstellung von der notwendigen Größe des Lötspaltes ist unrichtig. Der mit Lot zu füllende Zwischenraum zwischen den zu verbindenden Flächen soll so bemessen sein, daß er eine kapillare Anziehung auf das Lot ausübt und nur so groß ist, daß das Lot noch mit Sicherheit in ihn eindringen kann. Da die Lote im flüssigen Zustande aber oft einen recht unterschiedlichen Flüssigkeitsgrad aufweisen (Viscosität), ist es kaum möglich, für die Spaltweite eine allgemeine Regel aufzustellen. Die besten Passungen liegen zwischen 0,03 und 0,1 mm (Abb. 28). In Spalten dieser Weite dringt das dünnflüssige Lot mit großer Kraft ein, vorausgesetzt, daß die Lötflächen auch sauber sind und der Lötspalt formgerecht und gleichmäßig ausgebildet ist.

Abb. 28 läßt auch den starken Einfluß erkennen, den die Weite des Lötspaltes auf die Festigkeit der Verbindung hat. Gegenüber einer sehr dicken Naht hat die mit der empfohlenen Spaltweite von 0,05 mm ausgeführte Lötung nahezu die doppelte Festigkeit. Namentlich für Lötungen mit Silberloten ist diese Erkenntnis im Hinblick

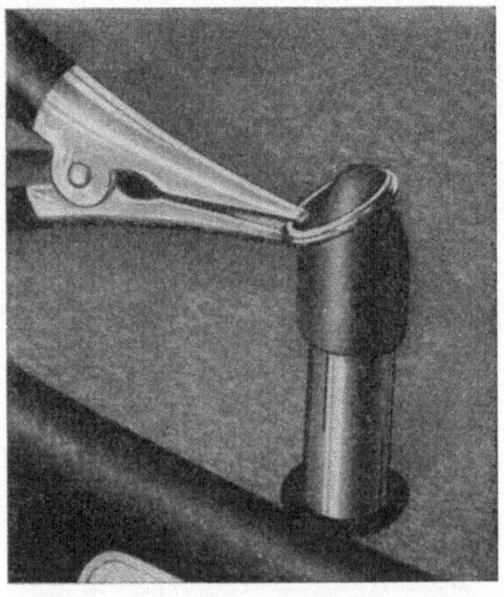

Abb. 27. Hartlötung auf einem Kohlestift.

auf sparsamen Verbrauch an Lot sehr wichtig. Über die konstruktive Ausbildung des Lötspalts sei auf die spätere Behandlung im Zusammenhang mit dem Schutzgaslöten (Abschn. 38b, S. 63) verwiesen.

Auf die Weite des Lötspalts hat natürlich auch noch die Wärmeausdehnung der Lötstelle einen erheblichen Einfluß, denn die Lötteile bestehen oft aus unterschiedlichen Metallen mit ganz verschiedenen Wärmeausdehnungen. Maßgebend für die Lötung ist aber die Spaltabmessung bei der Löttemperatur.

Bei der Vorbereitung zum Löten spielt die Säuberung der Lötstellen eine wichtige Rolle. Auch das beste Flußmittel kann nicht alle Oxyde, allen Schmutz und Schmiermittelreste im Spalt beseitigen. Oft zersetzen sich Schmiermittel bei der Löttemperatur zu teer- oder rußartigen Stoffen, die das Vordringen des Flußmittels verhindern. Es ist daher zu empfehlen,

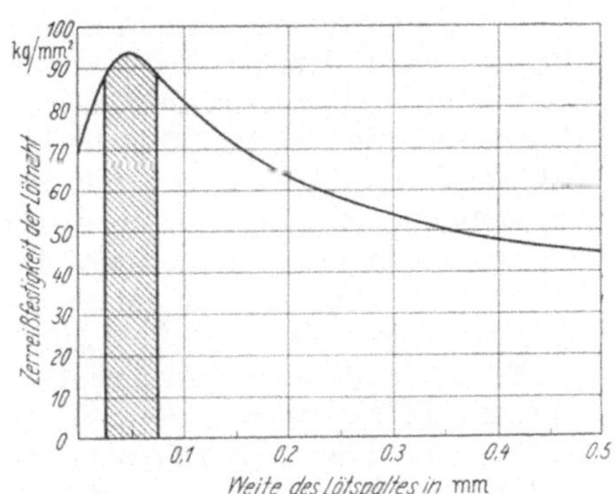

Abb. 28. Zerreißfestigkeit einer Stumpflötung in Abhängigkeit von der Dicke der Lötnaht. (Silberlötung von Edelstahl). 0,025—0,075 mm = beste Lötspaltweite.

die Lötstelle vorher durch Abwaschen mit Trichloräthylen (Tri) oder in einem alkalischen Bade (P 3) von Öl und Fett zu befreien und, wenn notwendig, auch stärkere Oxydschichten und Schmutz vorher durch geeignete Maßnahmen zu entfernen.

Bei der Ausbildung des Lötspalts muß man auch die Fließverhältnisse im Spalt berücksichtigen. Das Flußmittel verteilt sich zuerst im Lötspalt und löst die Oxyde.

Dann fließt das Lot von unten und drängt das Flußmittel nach oben. Es ist daher besonders darauf zu achten, daß das Flußmittel nach *oben* austreten kann, da Flußmittelreste in der Lötnaht ihre Haltbarkeit beeinträchtigen.

D. Das Löten von Hartmetallen[1].

Ein sehr wichtiges Arbeitsgebiet der Hartlötung ist die Verbindung der Hartmetallplättchen mit dem eigentlichen Werkzeugschaft oder -träger aus Stahl. Die Hartmetalle, die die schneidenden Teile neuzeitlicher Hochleistungswerkzeuge sind, zeichnen sich durch besondere Härte, Temperatur- und Standfestigkeit aus. Sie bestehen vorwiegend aus Karbiden des Wolframs, Molybdäns und Tantals, denen als härtende Bestandteile Bor, Stickstoff, Titan, Silizium und Vanadium zugesetzt sind. Da sich alle diese Stoffe infolge ihres hohen Schmelzpunktes nicht wie andere Metalle schmelzen und vergießen lassen, werden sie meist gesintert. Zusätze von Kobalt, Nickel und Eisen erleichtern dies und erhöhen die Zähigkeit des Hartmetalls. Ganz abgesehen von ihrem hohen Preise sind diese Sinterlegierungen so spröde, daß man aus ihnen keine vollständigen Werkzeuge herstellen kann, sondern kleinere Plättchen verwendet, die auf dem Stahlwerkzeug oder dem Träger befestigt werden. Im Gegensatz zu mechanischen Befestigungen, z. B. durch Festklemmen, ist beim Löten eine lückenfreie Verbindung des Hartmetalls mit der Unterlage durch das alle Unebenheiten ausfüllende Lot möglich, so daß die großen Kräfte von der Schneide des Hartmetalls auf den eigentlichen Träger übertragen werden können, ohne Biege-Spannungen zu erzeugen.

25. Ausgleich der Wärmedehnung. Der wesentlichste Gesichtspunkt, der beim Auflöten der Hartmetallplättchen zu beachten ist, ist die unterschiedliche Ausdehnung von Hartmetall und dem Stahl des Trägers. Die Ausdehnungsbeiwerte beider Stoffe schwanken mit der Zusammensetzung der Sinterteile. Im allgemeinen kann man von einem Verhältnis der Dehnzahlen von Hartmetall zu Trägerstahl von $5:12$ ausgehen. Diese unterschiedliche Wärmedehnung führt zu einer sehr starken Beanspruchung der Lötnaht.

Die Schwierigkeit beim Auflöten eines Hartmetallplättchens beginnt in dem Augenblick, in dem das Lot fest wird, denn beim weiteren Abkühlen schrumpfen Hartmetall u. Trägerwerkstoff in verschiedenem Maße; dabei kann es zu Rissen im Hartmetall oder an der Lötstelle kommen. Um dies zu vermeiden, muß die Lötnaht große Festigkeit haben und dabei zugleich nachgiebig sein. Das ist nur möglich, wenn die lotgefüllte Fuge zwischen beiden Teilen eine gewisse Dicke hat, in der die Spannungen sich ausgleichen. Die notwendige Stärke der Lötfuge hängt natürlich von der Größe der aufzulötenden Hartmetallelemente ab. In der Größenordnung wird sie meist bei 0,3 mm und mehr liegen.

Es sei in diesem Zusammenhang auf die gründlichen Untersuchungen von BEUTEL [18][2] verwiesen, der gefunden hat, daß die Kraft zum Abreißen des Hartmetalls vom Träger bis zu einem bestimmten Wert mit der Fugenstärke zunimmt und darüber hinaus diesen Wert beibehält[3]. Es kann daraus gefolgert werden, daß es besser ist, den Spalt eher weiter zu wählen, zumal ein breiter Spalt auch noch die Randspannungen herabsetzt.

Der einfachen Verstärkung der Lötfuge sind nun Grenzen gesetzt durch die Dünnflüssigkeit des Lotes, das in einem zu großen Zwischenraum durch kapillare Kräfte nicht mehr gehalten werden kann und seitlich weglaufen will. Andererseits

---

[1] Vgl. auch Werkstattbuch Heft 62: Hartmetalle in der Werkstatt.
[2] Die Zahlen in eckiger Klammer verweisen auf das Schrifttum am Ende des Buches.
[3] Auch hinsichtlich anderer Fragen, die das Löten von Hartmetallen betreffen, kann auf die Arbeit BEUTEL verwiesen werden, die viele Anregungen und Ergebnisse enthält.

ist auch die Nachgiebigkeit einer zu starken Lotschicht im Betriebe hindernd. In vielen Fällen sind die Hartmetallschneiden nämlich durch hohe mechanische Kräfte beansprucht, die das nachgiebige Lot aus der Fuge herausquetschen wollen. Bei wechselnder Beanspruchung liegt die Hartmetallplatte später dann gewissermaßen hohl und Brüche während des Schneidevorganges sind die Folge.

Nun ist die notwendige Schaffung einer etwas dehnbaren Fuge zwischen den beiden sich unterschiedlich zusammenziehenden Stoffen durch Einlagen möglich, die zwischen Hartmetall und Träger eingelötet werden. Solche Zwischenlagen können z. B. aus verzinntem oder besser aus vernickeltem Eisendrahtgewebe bestehen, in dessen Maschen das Lot einen gewissen Halt findet. Von der Widia-Fabrik (Krupp) [22] wird z. B. ein Nickeldrahtgewebe in Leinenbindung empfohlen oder eine Folie aus Konstantan. In Abb. 29 ist eine besonders ausgeprägte Lötzwischenlage dargestellt, in der Stützgewebe und Lötmetall zu einer Platte verbunden sind, die bei der Lötung eine breitere Fuge entstehen läßt. In Amerika werden nach der „Sandwich"-Methode häufig ein oder mehrere Zwischenbleche verwendet, die auf beiden Seiten mit dem zwischengelegten Lot jeweils Lötfugen bilden. Die Nachteile dieses Verfahrens, viele Teile und sauber zu haltende Flächen verwenden

Abb. 29. Einlage zwischen Hartmetall und Trägerstahl: Axiomfolie (Fr. Kammerer, Pforzheim).

zu müssen, werden durch die Verwendung von beidseitig mit Lot plattierten Nickelblechen vermieden. In Deutschland ist eine ähnliche Lötmethode durch die Triplex–Hartmetall-Folie bekannt geworden. Für die Zwischenlage der amerikanischen Sandwich-Methode und auch bei deutschen Schichtfolien wird eine Kupfer–Nickel-Legierung verwendet. Auch bei den Loten führt die Entwicklung zu Festigkeitssteigerungen. Lötungen, z. B. mit Konstantan oder mit Bronzen (Mahler-Bronze) sind heute vielfach gebräuchlich. Diese Lote haben gegenüber dem Kupfer fast die doppelte Festigkeit und werden weit weniger leicht aus der Fuge herausgequetscht. Alle Zwischenlagen läßt man bei der Lötung zweckmäßig einige mm am Rande überstehen, denn sonst würde das flüssige Lot dort nicht gehalten werden und eine Hohlkehle oder Furche bilden. Steht die Zwischenlage dagegen über, so kann diese Hohlkehle nachher mit dem überstehenden Werkstoff leicht weggenommen, z. B. abgeschliffen werden.

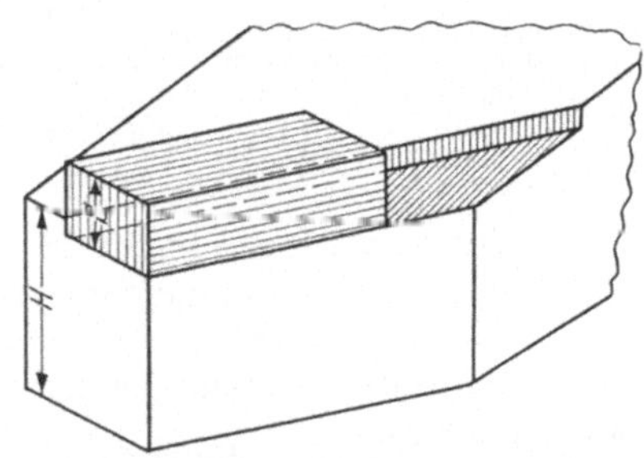

Abb. 30. Empfehlenswerte Anordnung des Hartmetallplättchens auf dem Träger (Widia-Fabrik Essen)

Erwähnt seien noch verschiedene andere Mittel, um die Wärmedehnungsspannungen niedrig zu halten. Zunächst ist, wo dies möglich ist, die Aufteilung langer Hartmetallplättchen in eine Anzahl kleinerer Teile ein ausgezeichnetes Mittel, um die Spannungen jeweils in den Elementen auf einem niedrigen Wert zu halten. Da die beim Schrumpfen entstehenden Kräfte nicht nur von der Unterlage des Plättchens, sondern natürlich auch von den Seitenflächen auf die Lötfuge übertragen werden, empfiehlt die Widiafabrik, die Seitenflächen auf jenes Mindestmaß zu beschränken, das noch die richtige Lage der Plättchen bei der Lötung, also einen Anschlag, sicherstellt. Eine solche Anordnung ist in Abb. 30 gezeigt. Es ist dort nur ein im Verhältnis zu der Stärke des Plättchens kleiner seitlicher Anschlag vorgesehen und an der Rückseite fehlt überhaupt jede Anlage.

26. Gebräuchliche Lote und Flußmittel. Die wichtigsten Lote für Hartmetalle und die zugehörigen Flußmittel sind in Tabelle 8 zusammengestellt. An letzter Stelle ist das *Weichlot* erwähnt. Dieses ist jedoch nur dort geeignet, wo z. B. an Führungsschienen oder Linealen große Hartmetallteile verwendet werden oder für besonders spannungsempfindliche Hartmetalle. Empfehlenswert für die Lötung mit Weichloten ist eine Verkupferung der Verbindungsteile. Zwischenfolien sind infolge der niederen Arbeitstemperaturen hierbei nicht notwendig.

Für Schneidwerkzeuge und alle anderen Teile, die wärmer werden, befestigt man Hartmetalle in der Praxis durch *Hartlote*. Viel verwendet wird *Kupfer*. Es läuft besonders im Schutzgasofen außerordentlich leicht, hat genügende Festigkeit und gute Dehnungswerte. Sein Nachteil liegt in der verhältnismäßig hohen Schmelztemperatur. Höhere Festigkeitswerte lassen sich mit Bronzelot (Tab. 8, Nr. 2) erreichen. Es steht an Leichtflüssigkeit dem Kupfer kaum nach und ist besonders für Lötungen im Schutzgasofen und für Induktionslötungen geeignet.

Tabelle 8. Gebräuchliche Lote für Hartmetallötungen [1].

Lfd. Nr.	Bezeichnung	Wesentliche Zusammensetzung	Arbeitstemperatur °C	Flußmittel
1	Kupfer	Elektrolytkupfer	etwa 1100°	Borax + Borsäure
2	Bronzelot (MAHLER) .	Cu, 8% Sn	1020°	Borax + Borsäure
3	Messinglote	Cu, Zn	920···970°	Borax
4	Silberlot 2700/6/60	81 Cu, 10,3 Ni, 7,8 Mn, 0,25 Zn, 0,35 P	840°	Borax
5	Silberlot LAG 49 Din 1734	48···50% Ag, 18% Cu 5% Ni, 8% Mn Rest Zn	690°	Besondere Flußmittel nach Angabe des Lotherstellers
6	Silberlot üblich in USA	57% Ag, 33%Cu, 3% Mn, 7% Sn	etwa 730°	Besondere Flußmittel nach Angabe des Lotherstellers
7	hochprozentiges Silberlot	70% Ag, 15% Cd, 15% Zn	670°	Besondere Flußmittel nach Angabe des Lotherstellers
8	Weichlot	50% Sn, 50% Pb	etwa 250°	Zinkchlorid oder besondere Flußmittel

Kupfer und Bronze haben als Lote sehr gute Eigenschaften, jedoch liegt ihre erforderliche Arbeitstemperatur erheblich höher als die Vergütungstemperatur der gebräuchlichen Stähle, so daß diese in ihren Festigkeitseigenschaften schon nachteilig beeinflußt werden. Daher hat die Entwicklung zu niedrig schmelzenden Loten geführt.

Messinglote, ohne Flußmittel nicht anwendbar, haben gute Festigkeitswerte, ihr Nachteil ist aber das Verdampfen von Zink aus der Legierung, zumal zu einer guten Bindung mit dem Stahl verhältnismäßig hohe Temperatur und eine längere Fließzeit erforderlich sind. Infolge der Zinkverdampfung und der notwendigen größeren Flußmittelmenge sind Messinglote für die Lötung im Ofen ungeeignet, zumal sie auch die Inneneinrichtungen des Ofens angreifen.

Bei wesentlich geringeren Löttemperaturen ermöglichen die *Silberlote* eine gute Verbindung zwischen Hartmetall und Trägerstoff. Die niedere Arbeitstemperatur ist besonders wichtig bei empfindlichen, insbesondere Titankarbid enthaltenden Hartmetallen und bei Schaft-Werkstoffen, die infolge ihrer Legierung, z. B. eines Chromgehaltes, zur Grobkornbildung neigen. Festigkeit und Deh-

---

[1] Erweiterte Tabelle der Widia-Fabrik, Friedr. Krupp A. G., Essen.

nung der Silberlote sind ausreichend. Gegenüber den vorher genannten Werkstoffen haben sie auch den Vorzug, im Bereich der späteren Arbeitstemperatur des Werkzeuges, d. h. bis zu einem Temperaturgebiet von etwa 300° C ihre Festigkeit im wesentlichen beizubehalten, während die der silberfreien Lote mit der Temperatur stetig abnimmt. Ihr Nachteil ist der höhere Preis. Im Ofen sind sie ohne Flußmittel nicht verwendbar, da sie zumeist Zink enthalten. Die notwendigen Flußmittel zersetzen sich überdies im Ofen verhältnismäßig schnell. Vollkommen zinkfreie, noch silberhaltige Lote, die sich im Schutzgasofen ohne Flußmittel verarbeiten lassen, scheiden auf der anderen Seite infolge ihres hohen Preises in der Praxis meist aus.

Ein besonderer Vorteil der Silberlegierungen ist ihr besseres Verhalten bei einer nachfolgenden *Wärmebehandlung* zur Vergütung des Trägerwerkstoffes. In dieser Beziehung unterscheiden sie sich vorteilhaft vom Kupfer, bei dem eine solche Wärmebehandlung nur im unmittelbaren Anschluß an den Lötvorgang empfohlen werden kann. Nach BEUTEL versucht das Kupfer, bei einer erneuten Erwärmung den Spannungen nachzugeben, und verformt sich. Beim Abkühlen treten dann die entgegengesetzten Spannungen auf, die zu Anrissen vom Rande her führen können.

Die in der Tabelle 8 angegebenen Lote stellen nur einige Beispiele aus dem großen Gebiet der brauchbaren und zu empfehlenden Lote dar. In der Lötbarkeit der verschiedenen Hartmetallarten bestehen erhebliche Unterschiede. So lassen sich Wolframkarbid enthaltende Platten weit schlechter löten als titankarbidhaltige Sorten. Als *Flußmittel* kommen die Borsalze bei den höher schmelzenden Loten in Frage. Wie schon bei der allgemeinen Behandlung der Flußmittel erörtert wurde, empfiehlt sich bei den Silberloten die Verwendung der von den Lotherstellern empfohlenen Flußmittel.

27. Vorbehandlung und Lötung. Je sauberer Schaft und Hartmetall vor dem Löten sind, desto besser gelingt die Lötung. Nach BEUTEL soll die Schaftauflage gut gefräst, geräumt und geschlichtet sein, während für das Hartmetall ein Schliff empfohlen wird. Eine glatte Oberfläche stört dabei nicht. Sogar geläppte Hartmetallflächen geben eine gute Bindung des Lotes. Vom Handschliff wird jedoch wegen der zu großen Abhängigkeit von der Geschicklichkeit des Arbeiters abgeraten.

Die so gesäuberten Flächen sollen auch fettfrei sein. Benzin, Benzol oder Trichloräthylen (Tri) sind geeignete Waschmittel. Zum Befestigen der Hartmetallteile auf dem Träger kann Draht verwendet werden, jedoch ist infolge der Nachgiebigkeit des Drahtes eine Befestigung durch Festklemmen, Gewichtsbelastung oder durch ähnliche Mittel vorzuziehen. Es ist auch darauf zu achten, daß bei Schmelzen des Lotes ein Absinken des Plättchens erfolgen kann.

Die *Erwärmung* der Lötstelle kann auf sehr verschiedene Weise erfolgen. Geschickte Arbeiter kommen mit dem Schweißbrenner schon zu guten Ergebnissen. Die Flamme muß mit Gasüberschuß brennen, d. h. mit einem hellen Schleier hinter dem Flammenkern (Abb. 21). Der Vorteil der Brennerlötung liegt in der Möglichkeit, den Lötvorgang beobachten zu können. Das gilt auch von der *Widerstands*erwärmung, bei der das Lot unter der Einwirkung eines niedergespannten Stromes, in Vorrichtungen, wie sie auf S. 40 beschrieben sind, durch Übergangswärme erhitzt wird.

Mit gutem Erfolg können die Hartmetalle in einem Wanderofen aufgelötet werden. Die besten Ergebnisse erzielt man dabei unter Schutzgas. Auf die die Atmosphäre des Ofens betreffenden Fragen wird bei der Behandlung der Schutzgase noch eingegangen (S. 55). Der besondere Vorteil der Lötung im Wanderofen liegt in der guten Beherrschung des ganzen Erwärmungsvorganges und der Möglichkeit, den Aufheizungsvorgang zu beherrschen. Es ist nämlich wichtig, daß Schaft und Hartmetall annähernd auf gleicher Temperatur sind, ehe das Lot zum Fließen kommt. Die Erwärmung im Wanderofen kann durch Beheizungsstärke und Fördergeschwindigkeit nun so gesteuert werden, daß dieser Forderung genügt wird, ehe die Teile in die eigentliche Lötzone einwandern, wo sie dann fast gleichzeitig auf die Löttemperatur gebracht werden. Die Temperatur in dieser eigentlichen Lötzone liegt $30 \cdots 40°$ über dem obersten Schmelzpunkt des Lotes. Die mehrfach angeführten Untersuchungen von BEUTEL haben gezeigt, daß es zweckmäßig ist, den Schmelzzustand des Lotes für eine kurze Zeit beizubehalten, ehe die Teile erkalten und das Lot erstarren kann. Es wurde ermittelt, daß etwa eine Minute „Fließzeit", d. h. Einwirkungsdauer des flüssigen Lotes, bei den hochprozentigen Kupferlegierungen und etwa 30 Sekunden bei Silberlegierungen die besten Festigkeitswerte erbrachten. Der Wanderofen ermöglicht die genaue Einhaltung dieser Arbeitsbedingungen. Auch liegen die Abkühlverhältnisse in dem üblichen Schutzgasofen mit Förderband etwa so, wie sie sich aus den technologischen Anforderungen ergeben.

Bei der induktiven Erwärmung ist es leicht möglich, die Wärmeentwicklung auf die Teile zu beschränken, die an der Lötung unmittelbar beteiligt sind. Das Lötverfahren in der stromdurchflossenen Spule hat vielerlei Vorteile, setzt aber ebenso wie die Lötung im Wanderofen eine teure Einrichtung voraus und ist daher an größere Stückzahlen gebunden.

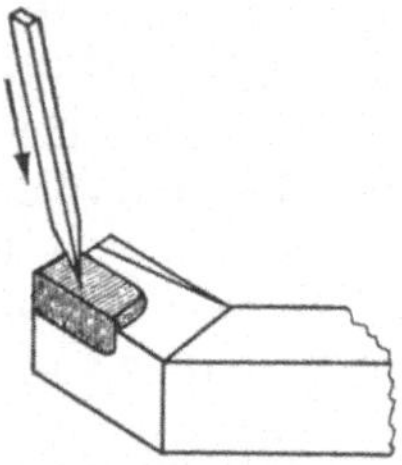

Für das Löten im Gasmuffelofen, das sehr weit verbreitet ist, wird von Krupp folgende Bedienungsanweisung gegeben:

Das an der Lötstelle mit Flußmittel bestreute Werkzeug wird zunächst vorgewärmt. In Öfen ohne Vorwärmzone oder -kammer wird das Werkstück nur soweit eingeführt, daß in

Abb. 31. Andrücken des Plättchens beim Erkalten.

erster Linie der Kopf und die Schneidplatte erwärmt werden. Wenn der Kopf des Schaftes dunkle Rotglut angenommen hat, überstreut man die Lötstelle mit Hilfe eines geeigneten Löffels erneut mit dem Flußmittel und setzt sie alsdann der vollen Ofentemperatur aus. Die an den Platten überstehende Zwischenlage erwärmt sich besonders schnell. Um die Oxydation dieser vorzeitig heißen Stellen durch die Berührung mit Verbrennungsgasen zu verhindern, wird daher Flußmittel noch mehrfach und so reichlich nachgegeben, daß die Lötstelle immer vollständig umschlossen ist. — Sobald das Lot geschmolzen ist — ein Vorgang, der von außen beobachtet werden kann —, wird das Werkzeug aus dem Ofen genommen und die Hartmetallplatte mit einem Stab aus Stahl oder Kohle gemäß Abb. 31 einige Sekunden leicht gegen ihren Sitz gedrückt, bis das Lot erstarrt ist. Wird ein Stahlstab verwendet, so soll dieser zugespitzt sein, damit die erhitzte Schneidplatte nicht durch die Berührung mit dem kalten Metalle abgeschreckt wird. Beim Andrücken der Platte wird das Werkzeug zweckmäßig auf einen feuerfesten Stein oder eine ähnlich wärmeisolierende Unterlage gelegt.

Bei der Lötung im gasbeheizten Ofen in der Werkstatt soll mit reduzierender Flamme, also mit Gasüberschuß gearbeitet werden. Die richtige Einstellung des Brenners ist an der leuchtenden Flamme erkennbar und daran, daß die Abgase außerhalb des Ofens noch brennbar sind.

IV. Das Löten der Leichtmetalle.

Unter den Leichtmetallen lassen sich nur das Aluminium und die meisten seiner Legierungen löten.

Ganz selten werden auch Magnesiumlegierungen gelötet, meist beim Ausbessern von Lunkern an Gußteilen. Dabei werden Weichlote mit hohem Kadmiumgehalt nach Art der Reiblote, also ohne Flußmittel, angewandt.

Das Aluminium und seine Legierungen verhalten sich in vielen Punkten beim Löten anders als die bisher behandelten Schwermetalle. In der Spannungsreihe liegt Aluminium zunächst weit entfernt von den Grundmetallen, aus denen sich die üblichen Schwermetall-Lote zusammensetzen. Daraus ergibt sich eine höhere Korrosionsanfälligkeit der Lötstelle, wenn man diese Lote, insbesondere die mit Zink, Blei und Zinn legierten, verwendet. Daneben bereitet vor allem die Aluminiumoxydhaut beim Löten erhebliche Schwierigkeiten. Blankes Aluminium wird selbst in kaltem Zustande sehr schnell vom Sauerstoff der umgebenden Luft angegriffen und bildet eine Oxyddecke, die zwar dünn, aber zäh und dicht ist und das darunter liegende Metall vor dem weiteren Angriff der umgebenden Atmosphäre schützt. Diese Aluminiumoxyd-Schicht ist zwar die Ursache für die gute Beständigkeit des sehr reaktionsfreudigen Leichtmetalls und für die große Verbreitung, die das Aluminium in der Technik gefunden hat. Beim Löten aber ist sie ein großes Hindernis. Der Schmelzpunkt der Tonerde Al_2O_3, aus der die Schutzschicht in erster Linie besteht, liegt bei rd. 2050° C. Auch ist das Aluminiumoxyd im chemischen Sinne ein sehr widerstandsfähiger Stoff, der sich nicht wie die anderen Metalloxyde mit Säuren einfach wegbeizen läßt; er widersteht Chemikalien vielmehr in hohem Maße. Zur Zeit gibt es dafür noch kein einwandfreies Flußmittel mit niedriger Wirkungstemperatur.

A. Das Weichlöten der Leichtmetalle.

28. Grenzen der Anwendbarkeit. Beim Weichlöten des Aluminiums werden Schwermetall-Lote verwendet, die im wesentlichen aus Zinn, Zink und Kadmium bestehen (Tab. 9). Obwohl diese Lote in der Zusammensetzung etwa den üblichen Schwermetallweichloten entsprechen, sollten sie mit diesen *nicht verwechselt* werden, denn ihr Gehalt an Blei und an Verunreinigungen macht die Schwermetall-Lote für das Aluminiumlöten ungeeignet, so daß nur dringend empfohlen werden kann, Sonderlote zu verwenden. Der wichtigste Bestandteil fast aller Aluminiumweichlote ist das Zinn. Gearbeitet wird bei Temperaturen von 260···350° C; Lote mit Al-Gehalt erfordern noch höhere Arbeitstemperaturen.

Neben den leichtflüssigen Loten mit engem Schmelzbereich gibt es im Handel auch solche mit einem größeren Erstarrungsintervall, die als Modellierlote angesprochen und dazu verwendet werden, Material anzutragen und z. B. an Gußstücken Löcher auszufüllen.

Der große Abstand, der das Aluminium in der Spannungsreihe von den Legierungsbestandteilen der Weichlote trennt, bedingt eine elektrolytische Zerstörung, wenn die Lötstelle als Schwermetall–Leichtmetall-Element mit einem Elektrolyten — auch schon mit Feuchtigkeit — in Berührung kommt. Aus diesem Grunde müssen die weichgelöteten Stellen sorgfältig vor dem Zutritt von Flüssigkeit geschützt werden. Einbettungen in Vergußmassen und gute Lacküberzüge können eine längere Lebensdauer solcher Weichlötungen sichern. Im allgemeinen aber sollte die Korrosionsanfälligkeit der Weichlötungen Anlaß genug sein, um dieses Verbindungsverfahren zu meiden. Es ist auch recht unwahrscheinlich, daß die weitere Entwicklung der Technik hier eine wesentliche Änderung bringen wird. An erfolglosen Versuchen, andere Lote herauszubringen, hat es in den letzten Jahrzehnten nicht gefehlt. Gerade aus dieser Erfahrung heraus kann nicht dringend genug vor neuen unerprobten Loten gewarnt werden, wie sie in regelmäßigen Abständen auf dem Markt angepriesen werden. Ein bedingter Erfolg der Weichlötung ist nur möglich durch Verwendung einwandfreier Lote bekannter Firmen, durch sorgfältiges Arbeiten und späteres Abdecken der Lötstelle. Wo irgend möglich, sollte das Weichlöten des Aluminiums durch Hartlöten ersetzt werden.

Tabelle 9. *Legierungen zum Schweißen und Löten der Leichtmetalle* (nach DIN 1732*)

Das Blatt enthält die vorzugsweise zu verwendenden Legierungen zum Schweißen und Löten der Leichtmetalle. Es umfaßt Sonderlegierungen für Schweiß- und Lötzwecke und gilt nicht für Schweißdrähte und -stäbe von gleicher Zusammensetzung wie die zu verschweißenden Stücke, ferner nicht für Lote aus allgemein zu verwendenden Metallen und Legierungen.

Zu beachten ist, daß entsprechend dem Sprachgebrauch die Weichlote in diesem Blatt nicht nach den Hauptbestandteilen, sondern nach der Verwendung und dem Hauptbestandteil bezeichnet sind.

Für einige der in diesem Blatt angegebenen Legierungen oder für ihre Verwendung bestehen im In- und Auslande gewerbliche Schutzrechte oder Schutzrecht-Anmeldungen.

Abkürzungen: Die Buchstaben L bzw. S vor den Kurzzeichen bedeuten „Lot" bzw. „Schweißmetall"

Benennung	Kurzzeichen	Zusammensetzung etwa %	Arbeitstemperatur mindestens °C	Wichte kg/dm³	Ergänzende Normen	Verwendung	
						Werkstoff der zu verbindenden Teile	Verwendungsbeispiele
Aluminium-Schweißdraht 99,5	SAl 99,5	Al mind. 99,5 Ti 0,1 bis 0,2	660	2,7	DIN 1712	Reinaluminium	Geräte für chemische Zwecke
Aluminiumlegierungsschweißdraht Si 5	SAl Si	Al mind. 93 Si 4 bis 6	610	2,7		Aluminiumlegierungen, vorwiegend AlMgSi	
Aluminiumlot 87	LAlSi 13	Al mind. 87 Si mind. 12	570	2,7	DIN 1725	Aluminium und Aluminiumlegierungen außer AlMg	Gußstücke (nur aus GAlSi 10 und UG-AlSi 10), Bleche, Drähte, Profile
Aluminiumlot 80	LAl 80	Al + Si mind. 80 Cu + Ni bis 4 Sn + Cd bis 12	540	3,0	nicht festgelegt	Aluminium und Aluminiumlegierungen	Gußstücke (außer GAlSi 13 und UGAlSi 10), Bleche, Drähte, Profile

Magnesiumguß-Schweißdraht 88	**SMg**	Mg mind. 87 Al 9 bis 11 Zn bis 2,5 Mn 0,2 bis 0,5	590	1,8		Magnesium-legierungen	Gußstücke
Aluminium-Zinklot 85	**LZnAl15**	Zn mind. 84 Al mind. 14	430	5,9	nicht festgelegt	Reinaluminium, Aluminium-gußlegierungen	Kabel bzw. Guß-stücke
Aluminium-Zinklot 60	**LZnSn**	Zn mind. 60 Sn Rest	320	7,4		Reinaluminium	Kabel
Aluminium-Zinklot 56	**LZnCd**	Zn mind. 56 Al bis 4 Cd Rest	320	7,4		Leichtmetallguß	Gußstücke
Aluminium-Zinnlot	**LSn60Zn**	Sn mind. 59 Zn mind. 39	260	7,2		Reinaluminium	Feine Drähte bis 0,2 mm Dmr. und Folien

* *Anmerkung:* Maßgebend ist die neueste Auflage dieses Normblattes, die vom Beuth-Vertrieb, Berlin W 15 oder Köln, zu beziehen ist.

Das Weichlöten ist da am Platze, wo das Leichtmetall mit Schwermetallen zu verbinden ist. Man kann solche Stellen zwar auch hartlöten, wenn Festigkeitsgründe dafür sprechen. Jedoch dürfte die Regel das Weichlöten solcher Verbindungen sein, wie sie in der Elektrotechnik häufig notwendig werden, wenn es sich z. B. darum handelt, Aluminiumleitungen mit Kabelschuhen aus Kupfer oder Kupferlegierungen zu verbinden oder wenn Kondensatoren an Kupferleiter anzuschließen oder ähnliche Arbeiten durchzuführen sind. Man wird in diesen Fällen das Weichlöten wählen, da es weniger Übung erfordert, mit einfacheren Mitteln durchzuführen ist und wegen der geringeren Arbeitstemperatur für isolierte Leitungen besser geeignet ist. Das Weichlöten wird auch dort vorgezogen, wo Teile aus Bimetall, z. B. Cupal-Elemente, zu löten sind. Zwischen der Kupfer- und Aluminiumschicht dieses auf einer Seite mit Kupfer plattierten Leichtmetallteils bildet sich bei Temperaturen über 430° C, die beim Hartlöten unbedingt überschritten werden, eine sehr spröde Zwischenschicht, die das Cupal-Teil unbrauchbar macht.

29. Ausführung der Lötung. Für die Herstellung der Weichlötung ist es notwendig, die Oxydschicht auf dem Aluminiumteil zu zerstören. Je nach der Art ihrer Entfernung sind drei Wege gebräuchlich:

Das *Reaktions*löten sieht die Entfernung der Tonerde durch Chlorzink bei Temperaturen von etwa 300° C vor. Dabei wird die Aluminiumfläche freigelegt, Ausgeschiedenes metallisches Zink stellt dann die Verbindung her. Wenn Chlorzink schon bei Schwermetallen sorgfältig entfernt werden muß, so ist es beim Aluminium besonders wichtig, die Lötstelle einwandfrei von Salzresten zu säubern und nachher abzudecken, wenn ein baldiger Verfall der Lötstelle vermieden werden soll.

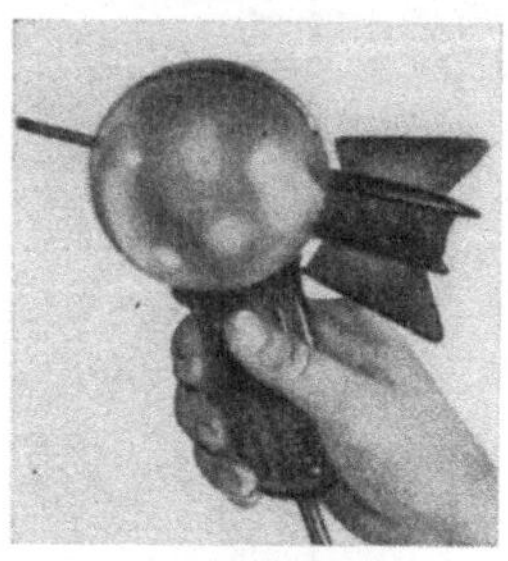
Abb. 32. Lötkopf mit Griffel (Siemens-Schuckert).

Das *Reiblöten* entfernt die Oxydhaut auf mechanischem Wege durch Schaben, Bürsten oder Reiben. Dieser Vorgang spielt sich zweckmäßig unter dem schon aufgetragenen Lot ab, da das erwärmte Aluminium sonst sofort wieder mit der Luft eine Oxydschicht bildet. Auf dem angewärmten Werkstück wird die Oberfläche unter dem flüssigen Lot mechanisch zerstört, bis sich eine vollständige Bindung zwischen Lot und Werkstück und eine glatte Lotmetalldecke auf dem Aluminium ergibt. Diese Arbeit muß sehr sorgfältig durchgeführt werden, damit nicht Oxydinseln zurückbleiben und die Festigkeit der Lötung mindern. Das Verfahren eignet sich in erster Linie zum Überziehen von Teilen und weniger zum Schließen, da naturgemäß die Lötspalte einer mechanischen Reinigung nicht zugänglich sind.

Das *Ultraschall-Löten* beseitigt die Tonerdeschicht durch mechanische Schwingungen eines Nickelstabes. Geeignete Geräte sind auf dem deutschen Markt seit einiger Zeit verbreitet. Abb. 32 zeigt ein Ultraschall-Lötgerät, das als Lötgriffel ausgebildet ist. Die Stromaufnahme des Gerätes beträgt rd. 45 Watt, wovon aber nur ein kleiner Teil in Schall umgesetzt wird. Der Nickelstab, mit dem die Lötstelle berührt wird, führt unter dem Einfluß eines Hochfrequenz-Generators mechanische Schwingungen aus, die sich im Kopf des Nickelstabes wie Schläge eines Preßlufthammers auswirken, der zwar nur sehr kleine Bewegungen in der Größenordnung von $1/_{1000}$ mm ausführt, dafür aber in der Sekunde 20 000mal hin- und herbewegt wird. Diese sehr hohe Frequenz ist für die meisten Menschen akustisch nicht mehr wahrnehmbar. Dadurch wird Lärm bei der Verwendung des Gerätes vermieden.

Durch das flüssige Zinn hindurch, also auch unter Luftabschluß, zertrümmert die Ultraschallschwingung die Oxydhaut auf dem Aluminium und das flüssige

Zinn verbindet sich dann mit der sauberen Metalloberfläche. Das Verfahren dient in erster Linie zum Überziehen der Werkstücke mit reinem Zinn, die sich dann nach den bekannten Weichlötverfahren weiter verbinden lassen. Ebensowenig wie das Reiblöten eignet sich das Ultraschallverfahren für die Lötung von Spalten und Kapillaren.

In der Abb. 33 ist das Einlöten eines Aluminiumrohrstutzens in einen Flansch aus gleichem Material gezeigt. Die Teile stehen bei diesem Anwendungsbeispiel auf einer elektrischen Kochplatte, die sie auf 250° C erwärmt. Reinzinn wird auf die zu lötende Stelle gelegt, wo es sofort schmilzt, aber zunächst in Kugelform liegen bleibt. Mit dem schwingenden Ende wird der Lötgriffel des Ultraschallgerätes in das geschmolzene Zinn eingetaucht und dieses so auf der zu verzinnenden Stelle verstrichen.

Bei kleineren Werkstücken kann man zuerst auf ein erwärmtes Aluminiumblech Zinn aufbringen und den zu verzinnenden Draht oder Gegenstand in den Zinntropfen eintauchen und mit dem Lötgriffel bestreichen. Andererseits kann man größere Werkstücke mit der Flamme auf Temperatur bringen. Der Schwinger soll nicht über 300° C erwärmt werden. Lötfette und Säuren sind bei diesem Verfahren zu vermeiden.

Beim Tauchlöten mit Ultraschall wird ein handelsübliches Zinnbad verwendet, in das der hochfrequente Schwinger eingetaucht wird. Die zu verzinnenden kleinen Gegenstände wie Kabelschuhe, Drahtenden usw. werden dann kurzzeitig in das flüssige Zinn eingetaucht und überzogen, wobei eine innige Verbindung entsteht, die eine weitere Lötung nach dem üblichen Verfahren möglich macht.

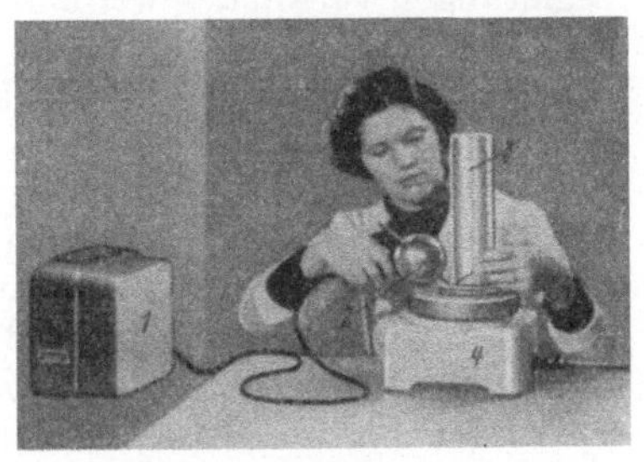

Abb. 33. Ultraschall-Lötgerät (Siemens-Schuckert).
1 Hochfrequenzerzeuger; 2 Lötgriffel; 3 Lötteil; 4 Heizplatte.

B. Das Hartlöten der Leichtmetalle.

30. Ähnlichkeit mit dem Schweißen. Das Hartlöten beim Aluminium steht im Wettbewerb mit dem Schweißen. Im Gegensatz zu den Verhältnissen bei den anderen Metallen ist hier auch die Spanne der Arbeitstemperaturen zwischen Hartlöten und Schweißen recht gering. Der Schmelzpunkt des reinen Aluminiums liegt bei 658° C, der seiner Legierungen oft weit unterhalb dieses Wertes. Auf der anderen Seite liegen die Arbeitstemperaturen beim Hartlöten zwischen 540 und etwa 600° C. Daraus ergibt sich schon, daß verschiedene Legierungen mit niedrigem Schmelzbeginn nur bedingt hartlötbar sind.

Gegenüber dem Schweißen erfordert das Hartlöten einen geringeren Zeitaufwand und weniger Geschicklichkeit des Ausführenden. Dies trifft insbesondere für schwache Querschnitte und dünne Bleche zu, deren Schweißung bekanntlich sehr schwierig ist. Natürlich ist die Lötung auch dort im Vorteil, wo überlappte Stellen oder Fugen auszufüllen sind. Im allgemeinen ist das Hartlöten das Gebiet der Massenartikel aus Blech und der kleinen, dünnwandigen Werkstücke.

31. Lote. Eine große Ähnlichkeit zwischen Schweißen und Löten besteht auch bei dem Füllmaterial. Die Lote enthalten $80\cdots93\%$ Aluminium, dem zur Senkung des Schmelzpunktes Schwermetalle zulegiert sind. Verwendet werden Zink, Zinn und nicht zuletzt Silizium, um den Schmelzpunkt der Lote zu senken. Besonders zu empfehlen sind Legierungen vom Typ des LAl Si 13, welches eine eutektische Aluminium–Silizium-Legierung mit 13% Silizium und einem Schmelzpunkt von 570° C darstellt. Die in Deutschland üblichen und zu empfehlenden Lote nach DIN 1732 sind in Tabelle 9 wiedergegeben. Die erwärmte Siliziumlegierung ist sehr dünnflüssig und besonders für Fugen und Kapillarlötungen geeignet.

Aluminium-Magnesium-Legierungen mit über 2% Mg und andere Aluminium-Legierungen, deren Schmelzpunkt in die Grenzen der Hartlöttemperaturen fällt, können nicht hartgelötet werden.

32. Flußmittel. Die Entfernung der Oxydhaut von der Oberfläche des Werkstücks wird durch chemisch wirkende Flußmittel erreicht. Gelöst wird die Oxydhaut durch Gemische von Chloriden und Fluoriden. Besondere Bedeutung hat auf diesem Gebiet das Lithiumchlorid, weil es Fließ- und Wirkungstemperatur der Flußmittelgemische senkt. Es ist nämlich wichtig, die Wirkungstemperatur des Flußmittels einerseits so zu wählen, daß sie nicht allzuweit vom Schmelzpunkt des Lotes, andererseits aber tief genug liegt, um die volle Reinigungswirkung der Salzdecke ausnutzen zu können. Flußmittel, die zum Schweißen der Aluminium-Legierungen verwendet werden, sind daher nicht immer für das Hartlöten brauchbar. Für das oben empfohlene Silumin-Lot L AlSi 13 mit einer Arbeitstemperatur von 570° C sollte die Wirkungstemperatur des Flußmittels bei 550···560° C liegen.

Wasser, das zum Anrühren von Pasten verwendet wird, reagiert oft in unerwünschter Weise mit dem Aluminium. Wenn man aber schon flüssige oder pastenartige Flußmittel verwenden muß, sollten sie mit destilliertem oder abgekochtem Wasser angerührt werden, so daß der Kalkgehalt des üblichen Leitungswassers nicht in das Flußmittel eingeht. Vorzuziehen ist auf jeden Fall die Verwendung von trockenem Flußmittel in Pulverform, das man mit dem erwärmten Lotstab zuführt.

Wie bei jeder anderen Lötung sind die Lötstellen vorher von Schmutz und Fett zu säubern. Dies kann auf mechanischem Wege durch Abbürsten, Schaben oder Feilen geschehen oder auch z. B. bei Massenlötungen in einem alkalischen Reinigungsbad.

33. Erwärmung. a) Brenner. Vor dem Löten mit dem Brenner werden die zu verbindenden Teile in die richtige Lage zueinander gebracht. Notwendige Unterlagen sind so auszubilden, daß die Wärme des Werkstückes nicht abgeleitet wird. Das ist besonders bei Haltevorrichtungen zu beachten, die man — sofern dies nötig ist — gegen die zu haltenden Teile durch Zwischenlagen geeigneter Werkstoffe wie Asbest isoliert.

Die Erwärmung der Lötstelle muß wegen des eingangs erwähnten geringen Unterschiedes zwischen Löttemperatur und Schmelzbeginn des Werkstückes sehr vorsichtig und mit größerer Geschicklichkeit erfolgen als bei allen anderen Werkstoffen. Lötgebläse, bei denen Brenngas und Luft verwendet werden, vermeiden auf Grund ihrer milderen Flamme örtliche Überhitzungen. Verwendet man einen Schweißbrenner, so arbeitet man zweckmäßig mit weicher Flamme, also mit einem Überschuß an Azetylen.

Man führt den Brenner verhältnismäßig flach und nähert den Kegel der Schweißflamme nicht dichter als auf 1···2 cm dem Werkstück. Auch ist es zweckmäßig, die Flamme ständig zu bewegen, damit auf keinen Fall überhitzte Stellen durchbrennen. Das plötzliche Zusammenfallen des Aluminiums bei zu starker Erwärmung der Lötstelle, für das es bei den anderen Metallen keine Parallele gibt, ist auf die feste Oxydhaut zurückzuführen, die auch vom Schweißbrenner nicht geschmolzen wird und die wie ein Behälter aus ganz dünnem Papier das darunter flüssige Aluminium hält, bis an irgendeiner Stelle die Festigkeit des Behälters nicht mehr ausreicht und die ganze überhitzte Stelle zusammenbricht.

Voraussetzung für sein Verfließen auf der Lötstelle ist nicht nur eine gewisse Dünnflüssigkeit des Lotes, sondern vor allem eine ausreichende Temperatur der zu verbindenden Stellen des Werkstückes. Es ist daher falsch, mit der Lotzufuhr schon zu beginnen, ehe noch die Bindetemperatur am Werkstück erreicht ist. Ein sicheres Zeichen für ungenügende Vorwärmung ist das Zusammenballen des zugeführten Flußmittels in Kugelform. Sowie dieses durch die Berührung mit dem Werkstück heiß genug wird und zu wirken beginnt, sich plötzlich ausbreitet, ist die richtige Löttemperatur erreicht. Wenn dies auf beiden Seiten der Lötstelle der Fall ist, wird weiteres Zusatzmaterial aufgegeben und unter Bewegen der Flamme zum Schmelzen gebracht. Wenn das Lot sich sofort auf dem Werkstück ausbreitet, ist auch dies ein Zeichen für die richtige Arbeitstemperatur. Das zügige, leichte Einfließen des Zusatzmaterials gibt die Gewähr für die Ausfüllung der Spalte und Nähte und vermeidet mit einiger Sicherheit Einschlüsse von Flußmitteln, Fremdkörpern und Luftblasen, da diese in dem dünnflüssigen Metall nach oben schwimmen können.

Es ist zu beachten, daß ausgehärtete Legierungen infolge der hohen Arbeitstemperatur eine Festigkeitseinbuße erleiden. Die erreichbaren Werte gehen etwa auf die der nicht ausgehärteten Legierungen zurück. Die Verhältnisse liegen also ähnlich, wie sie vom Schweißen her bekannt sind.

b) Lötofen. Das Hartlöten von Aluminiumteilen im Ofen hat während des Krieges und nachher namentlich in England und Deutschland große Fortschritte gemacht und erhebliche Bedeutung gewonnen. Die Ofenlötung ermöglicht die gleichzeitige Verbindung von vielen Lötstellen, wie sie beispielsweise beim Bau von Wärmetauschern, Kühlern und ähnlichen Teilen notwendig sind. Oft sind hier tausende von Verbindungsstellen gleichzeitig im Ofen durch Lot zu überbrücken.

Für das Löten geeignet sind vor allem elektrisch beheizte Öfen, die es ermöglichen, die Löttemperatur innerhalb sehr enger Grenzen ($\pm 5°$ C) im ganzen Ofen einzuhalten. Ohne eine Umwälzung der Ofenatmosphäre und ohne ausgezeichnete Regeleinrichtungen ist es kaum möglich, diese Forderung einzuhalten.

Im Gegensatz zu den später beschriebenen modernen Lötöfen für Schwermetalle, bei denen der Ofen im allgemeinen mit einer künstlichen Atmosphäre, dem sogenannten Schutzgas, gefüllt ist, hat es beim Aluminium-Lötofen keinen Wert, die Luft durch ein anderes Füllgas zu ersetzen.

Vor dem Einbringen in den Ofen werden die Werkstücke zusammengebaut und, wenn erforderlich, durch Haltevorrichtungen in ihrer Lage zueinander gesichert. Besser ist es, die einzelnen Elemente so auszubilden, daß sie sich in ihrer Lage durch Eigenspannungen allein halten. Die noch ungelöteten Teile sollten schon so fest zusammengebaut sein, daß sie sich weder beim Transport noch durch die Umwälzung der Luft im Ofen verschieben. Wenn das Lot nicht — wie bei der Plattierlötung — mit dem Werkstück fest verbunden ist, wird es in Form von Folien, Körnern, Draht oder Blech aufgebracht. Sodann wird das Flußmittel gleichmäßig auf die vorher gesäuberten Lötflächen verteilt. Am leichtesten geschieht dies durch Eintauchen in eine Lösung oder in einen dünnen Brei von Flußmittel. Selbstverständlich muß sein Rückstand nach dem Löten der Teile wieder entfernt werden. Dazu ist in der Regel heißes Wasser nicht ausreichend. Nach längerer Spüldauer wird daher noch eine neutralisierende Behandlung in 5%iger Natronlauge vorgenommen. Dann folgt kaltes Spülen oder vorher noch eine kurze Behandlung in kalter, verdünnter Salpetersäure.

Besonders günstig für die Ofenhartlötung ist das Aufbringen des Lotes an den Lötstellen durch einen *Plattier*vorgang (nach ZARGES). Dabei wird das Lot als festhaftende Schicht an dem Leichtmetall angebracht. In erster Linie ist eine je nach dem Anwendungszweck ein- oder beidseitige Walzplattierung mit dem Lot zu empfehlen.

Die aufgewalzte Lotauflage ermöglicht es, jeweils an der Lötstelle eine genau bestimmte Lotmenge anzuordnen. Besonders überlegen ist die Plattierlötung bei Bauteilen und Geräten, deren Lötnähte schwer zugänglich sind, z. B. im Innern von Kühlern, und bei denen es auf anderem Wege kaum möglich ist, das Lot anzubringen. Auch ist es in dieser Form unverlierbar an der Lötstelle angeordnet. Daß das Lot beim Flüssigwerden nicht erst zu Kugeln zusammenläuft, sondern am Grundmaterial haftet, ist ein weiterer Vorteil der Plattierlötung.

Abb. 34. Ofengelötetes Kühlerelement: Rohre aus Reinaluminium und wellenförmiges Rippenband aus lotplattiertem Aluminium. (Zarges Leichtmetallbau KG Weilheim Obb.).

Für die Dicke der aufgewalzten Schicht sind die tatsächlich benötigten Lotmengen maßgebend. Im allgemeinen soll die Lotstärke nicht größer sein als etwa $^1/_6$ des dünnsten zu lötenden Bleches und andererseits nicht stärker als 0,1 mm. Würde man die Plattierstärke größer wählen, so ergeben sich durch Einlegieren des Lotes in das Grundmetall Schwierigkeiten. Der Schmelzpunkt des Grundwerkstoffes würde herabgesetzt werden und dieser durchschmelzen. Stärkere Plattierungen haben auch den Nachteil, daß das überschüssige Lot fortläuft, während eine Schicht von 0,1 mm Stärke erfahrungsgemäß gerade noch an dem Grundmetall haften bleibt. Das aufplattierte Lot ist bei Plattierlötungen im allgemeinen Silumin, der Grundwerkstoff Reinaluminium. Solche lotplattierten Bleche sind jetzt auch im Handel erhältlich. Abb. 34 zeigt einen im Ofen gelöteten Aluminiumkühler, Abb. 35 eine Lötstelle aus einem ähnlichen Kühler in starker Vergrößerung.

Nach dem Verfahren der Plattierlötung sind während des Krieges viele Bauteile von Flugzeugen, insbesondere Wärmetauscher, Behälter und Rohrleitungen hergestellt worden. Namentlich die Entwicklung der Ladeluftkühler ist ohne die Plattierlötung undenkbar.

c) Salzbad. Die Erwärmung im Salzbad ist dem Löten im Umluftofen nahe verwandt. Man baut die Teile in gleicher Weise zusammen, nur unterbleibt das Aufbringen des Flußmittels, weil die Teile in einem Bade aus Chloriden und Fluoriden erwärmt werden.

Abb. 35. Schnitt durch eine Lötstelle nach Abb. 34. 25 fache Vergrößerung.

In keramisch ausgekleideten Behältern oder auch in Wannen aus Nickel (Lebensdauer 6 Monate) werden die Salze auf eine von dem Lotschmelzpunkt abhängende Temperatur (z. B. 580° C) erwärmt und durch genaue Regelung darauf mit engen Abweichungen gehalten. Ein Vorheizen der Teile außerhalb des Bades auf rd. 540° C erleichtert die Temperaturhaltung des Bades bei der Arbeit. Die Tauchzeit ist kurz und liegt je nach der Stärke der Bleche zwischen ½ und 3 Minuten. Die aus dem Bad kommenden Lötteile sind mit einer Salzschicht bedeckt, die sorgfältig in ähnlicher Weise entfernt werden muß wie die Flußmittelreste beim Ofenlöten.

Zur Zeit setzen sich in USA und England viele Leichtmetallteile durch, die mittels der Plattierlötung im Ofen oder Salzbad hergestellt werden. Bei der Fertigung von Aluminium-Lötteilen in größeren Stückzahlen sollte man daher auch bei uns diese Verfahren erwägen.

V. Das Löten im Schutzgasofen.

Das Löten ist durch mancherlei Umstände länger ein Stiefkind der Technik geblieben als andere Verbindungsarten. Es wird vielfach auch heute noch als eine Angelegenheit des Handwerks angesehen und unter den industriellen Verfahren nicht voll anerkannt.

Neuerdings macht sich hier eine Änderung bemerkbar, da die industrielle Anwendung des Lötens mehr und mehr in den Vordergrund tritt. Dieser Umschwung ist in erster Linie auf die Entwicklung des Schutzgasofens in den letzten 20 Jahren zurückzuführen. Das Ofenlöten hat sich in dieser Zeitspanne zu einem ausgesprochenen Verfahren der Massenerzeugung entwickelt und durch seine saubere und zuverlässige Arbeit die Wertschätzung des Lötens als Verbindungsverfahren sehr gesteigert.

Obwohl der grundlegende technologische Prozeß, nämlich die Verbindung mehrerer Metallteile durch ein niedriger schmelzendes Lot, der gleiche ist wie bei den übrigen Hartlötverfahren, bestehen doch so viele Unterschiede, daß eine getrennte Behandlung des Schutzgaslötens zweckmäßig ist.

34. Entdeckung und Entwicklung. Das Hartlöten unter Schutzgas wurde im Jahre 1906 durch einen Zufall gefunden. Im Forschungslaboratorium der General Electric in USA sollte nach WEBBER [*34*] damals Wolframoxyd in bekannter Weise durch Wasserstoff reduziert werden. Das Wolframoxyd befand sich dabei in einem Kupferschiffchen innerhalb eines Eisenrohres. Als nun durch ein Versehen die übliche Arbeitstemperatur überschritten wurde, zeigte sich, daß das Kupfer nicht nur das Wolfram und das Eisen überzogen, sondern darüber hinaus eine feste Verbindung beider Metalle hergestellt hatte.

In der Auswertung dieser Entdeckung wurde die Kupferlötung dann auch zunächst zum Befestigen von Wolframkontakten auf Stahlträgern benutzt. Langsam kamen dann andere Anwendungen hinzu, bei denen um 1925 eine stärkere Aufwärtsentwicklung einsetzte. Schon 1930 betrieb die General Electric in ihren Werken allein 16 große Kupferlötöfen und heute werden viele Tausende dieser Öfen in der amerikanischen Industrie verwendet beim Bau von Kraftfahrzeugen, Büromaschinen, Kühlschränken, landwirtschaftlichen Geräten u. dgl.

In Deutschland wurden die ersten größeren Schutzgas-Lötöfen wohl 1935 durch die AEG in Zusammenarbeit mit der General Electric eingeführt und es setzte dann eine lebhafte Entwicklung ein. Leider sind die meisten der damals aufgestellten Lötöfen durch das Kriegsende unmittelbar verloren gegangen, und andere sind unbrauchbar geworden oder veraltet. Im Vergleich mit dem Stande der Technik in anderen Ländern und überhaupt gemessen an den Möglichkeiten der Anwendung stehen wir auch heute noch erst im Anfang der Entwicklung. Es ist daher für den Konstrukteur wie für den Fertigungsingenieur in gleicher Weise wichtig, sich mit diesem Gebiet vertraut zu machen, das bei uns, so wie es in den Vereinigten Staaten schon längst der Fall ist, einen sicheren Platz unter den geläufigen Verbindungsverfahren gewinnen wird.

35. Wesen des Schutzgaslötens. Beim Ofenlöten unter Schutzgas werden die miteinander zu verbindenden Teile in einem Ofen behandelt, in dem sie nicht von Luft, sondern von einer besonderen Atmosphäre, dem Schutzgas, umgeben werden. Dieses enthält keine Bestandteile, die das heiße Metall angreifen, vor allem keinen Sauerstoff, der bei Temperaturen über 570° C auf Stahl Zunder bilden würde. Darüber hinaus wird das, was an Metalloxyden schon auf der Oberfläche der Lötteile vorhanden ist und was wir sonst beim Hartlöten mit Flußmitteln ablösen müssen, beim Schutzgaslöten in den meisten Fällen durch die Gasatmosphäre beseitigt. Die in ihr enthaltenen Bestandteile Wasserstoff (H_2) und Kohlenoxyd (CO) reduzieren die Metalloxyde und schaffen so eine blanke, fettfreie und saubere Metallfläche, auf der das schmelzende Lot, z. B. das meist verwendete reine Kupfer leicht verlaufen und die Verbindungsstellen der Lötteile — die Lötspalte — ausfüllen kann. Wenn man nach dem eigentlichen Löten auch noch von den abkühlenden Teilen die Luft fernhält, dann kommen sie mit blanker, oft mit glänzender Oberfläche aus dem Ofen (Abb. 36). Dies ist ein Zustand, der eine unmittelbar darauffolgende Oberflächenbehandlung, z. B. ein Lackieren, manchmal sogar eine galvanische Behandlung, zuläßt.

Das herkömmliche Flammenlöten stellt in erster Linie ein handwerkliches Verfahren der Einzelfertigung dar, bei dem Lötstelle für Lötstelle oft nur bei großer Geschicklichkeit des Löters hergestellt wird. Das Ofenlöten gestattet zwar auch die Einzellötung, seinem Wesen nach ist es aber ein ausgeprägtes Verfahren der Serienfertigung. Bei den handwerklichen Lötverfahren streuen die Ergebnisse mit der Geschicklichkeit des Arbeiters, von der auch Zufälligkeiten abhängen wie Einschlüsse, Flußmittelreste und Verzüge. Während hier deshalb eine Nachbehandlung zur Beseitigung der verwendeten Chemikalien und zur Wiederherstellung einer sauberen Oberfläche unerläßlich und meist noch eine Dichtigkeitsprüfung erforderlich ist, genügt bei den im Schutzgasofen gelöteten Teilen fast immer eine optische Prüfung der Lötstelle. Mit ungelerntem Bedienungspersonal werden gleichmäßige, feste und dichte Verbindungen erzielt. Das Ofenlöten ist zudem bei großen Stückzahlen auch wirtschaftlicher und paßt sich der neuzeitlichen Fertigungstechnik viel besser an als die

Abb. 36. Förderbandlötofen-Auslaßseite.

alten handwerklichen Verfahren. Seinen eigentlichen Wettbewerber findet es übrigens auch weniger im herkömmlichen Hartlöten als in anderen Verbindungsverfahren, wie Nieten, Verstiften, Schweißen und vor allem in der zerspanenden Herstellung aus dem Vollen. Große Werkstoffersparnisse auf der einen Seite, größte Festigkeitswerte bei geringeren Kosten auf der anderen sind die wichtigsten Gründe für die Verdrängung dieser anderen Verfahren.

36. Schutzgasöfen. Gelegentlich werden Lötungen unter Schutzgas in gewöhnlichen Industrieöfen vorgenommen. Dabei werden die zu lötenden Teile z. B. in verschlossenen Büchsen der Ofenwärme ausgesetzt, deren Inneres durch Rohrleitungen von außen her mit Schutzgas, z. B. Wasserstoff oder Formiergas, das ist ein Wasserstoff–Stickstoff-Gemisch, aus Flaschen versorgt und gespült wird. Stahlgebisse aus Chrom–Nickel-Legierungen, wie sie sich heute in der Dentaltechnik immer weiter durchsetzen, werden vielfach auf diese Weise in kleinen Öfen hartgelötet. Man findet gelegentlich auch, daß übliche Kammer- oder Haubenöfen für diese Lötung benutzt werden.

Das Hartlöten unter Schutzgas stellt jedoch gewisse Anforderungen an die Öfen, die von den gebräuchlichen Glühöfen selten erfüllt werden. Dazu gehört z. B. die gasdichte Ausbildung des Ofengehäuses, die Durchbildung der Förderelemente, der Kühlkammern und eine genaue Temperaturregelung. Aus den Erfahrungen der Praxis und des Ofenbaus hat sich nun der *Tunnelofen* zu dem meist verwendeten Hartlötofen entwickelt (Abb. 37). In ihm wird das Gut auf der einen

Seite kalt eingebracht und auf der anderen, auf mäßige Temperatur abgekühlt, entnommen. Das Lötgut wird durch den Ofen auf Unterlagen hindurchgezogen oder geschoben oder auf einem Förderband liegend hindurchbewegt, wie Abb. 37 und 38 in Ansicht und Schnitt erkennen lassen. Das Förderband aus Chromnickeldrahtgewebe wird von einem stufenlos verstellbaren Antrieb durch den Ofen gezogen. Sind sehr schwere Teile zu behandeln, so verwendet man auch *Rollengang-* oder *Hubbalkenöfen.*

Die Werkstücke gelangen durch eine Aufheizzone in ein Gebiet, in dem das Lot zum Fließen kommt. In der dann folgenden Kühlkammer wird die Wärme von den Teilen langsamer wieder abgegeben als sie in dem sehr heißen Ofenraum aufgenommen wurden. Deshalb muß die Kühlkammer 2 bis 4mal so lang sein wie die Heizkammer, was dem Schutzgasofen das unverkennbare äußere Gepräge gibt. In dieser wassergekühlten Kammer erkalten die Teile unter Schutzgas so weit, daß sie beim Austritt aus dem Ofen keine Anlauffarben mehr annehmen können. Da

Abb. 37. Elektrisch beheizter Schutzgashartlötofen mit Förderband (I. F. Mahler, Esslingen).
1 Ofenkörper; *2* Kühlkammer; *3* Förderband; *4* Umlenkrollen; *5* Bandspanneinrichtung; *6* Bandantrieb; *7* Verstellbare Eingangstür; *8* Temperatur-Meßstellen; *9* Abzugshauben; *10* Kühlwasserleitung; *11* Schutzgaseintritt.

den ersten Anlauf „strohgelb" bei Stahl bekanntlich eine Temperatur von $220°\,C$ kennzeichnet, muß man praktisch bis auf etwa $150°\,C$ oder tiefer abkühlen.

Der ganze Tunnelquerschnitt wird ständig mit Schutzgas gespeist. Enthält das Gas keinen Sauerstoff — wie es eigentlich verlangt werden muß —, so kann das kalte Schutzgas in die Kühlkammer eingeleitet werden und im Gegenstrom zu den abkühlenden Lötteilen fließen, wobei es gleichzeitig erwärmt wird. Dies hat nicht nur eine beträchtliche Wärmeersparnis zur Folge, sondern schafft auch bessere Voraussetzungen für das Blankbleiben der Teile. Diese stellen nämlich gerade während des Abkühlens besonders hohe Ansprüche an die Reinheit, vor allem an die Trockenheit des Schutzgases, die von dem frisch zugeleiteten Gas noch am ehesten erfüllt werden.

Förderbandöfen arbeiten meist mit offenen Türen,

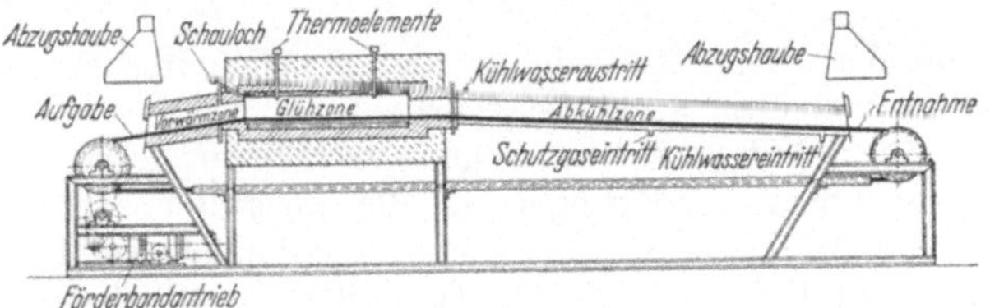

Abb. 38. Schnitt durch einen elektrischen Förderbandofen.

aus denen das Schutzgas ständig herausquillt und die Luft so am Eintritt in den Tunnel hindert.

Das austretende Schutzgas enthält oft erhebliche Anteile an giftigem *Kohlenoxyd* und sollte daher durch Hauben über Ein- und Austritt aufgefangen und ins Freie geleitet werden. In den meisten Fällen sind im Schutgas noch so viel brennbare Bestandteile, daß es sich von selbst entzündet oder angezündet werden kann. Die entstehende Flamme ist ziemlich kalt und ihre Wärme kann nicht verwendet werden. Dafür wird aber das Kohlenoxyd in ihr restlos verbrannt und unschädlich gemacht.

Um Schutzgas zu sparen, werden Ofenein- und -ausgang oft so weit mit Türen geschlossen, daß die Lötteile gerade noch hindurchgehen oder es wird der Gaswechsel durch Vorhänge aus Ketten oder Asbestfäden verringert. Zuweilen werden die Türen auch ganz geschlossen, wenn ein „Schub" Lötteile eingefahren ist. Bei

größeren Öfen sind auch Ein- und Ausfahrschleusen üblich. Eine bestimmte
Schutzgasmenge ist übrigens schon nötig, denn die in den Hohlräumen der Teile
mitgeförderte Luft muß unschädlich gemacht und die bei der reduzierenden Wirkung des Schutzgases entstehenden Gase und Dämpfe müssen beseitigt werden.
Der Schutzgasverbrauch richtet sich natürlich nach der Größe der Türöffnungen,
vor allem hängt er sehr stark von der Höhe ab. Deshalb baut man die Schutzgasöfen lieber in die Breite als in die Höhe.

Lötöfen werden meist elektrisch beheizt. Bei Gas- und Ölfeuerung müssen die
Verbrennungsgase von dem eigentlichen Lötraum ferngehalten werden, denn selbst
bei der sogenannten „reduzierenden Einstellung" der Brenner sind die Verbrennungsgase nicht als Schutzgase anzusprechen. Dafür sind sie viel zu feucht und auch
der Kohlensäureanteil ist zu hoch. Da Lötöfen bei der Kupferlötung mit Temperaturen von rd. 1120° C betrieben werden, bereitet die Trennung der heizenden Gasflamme von der eigentlichen Schutzgasatmo-
sphäre Schwierigkeiten, weil die Werkstoffe der
Muffeln oder Strahlrohre den hohen Temperatur-
beanspruchungen heute noch nicht auf die Dauer

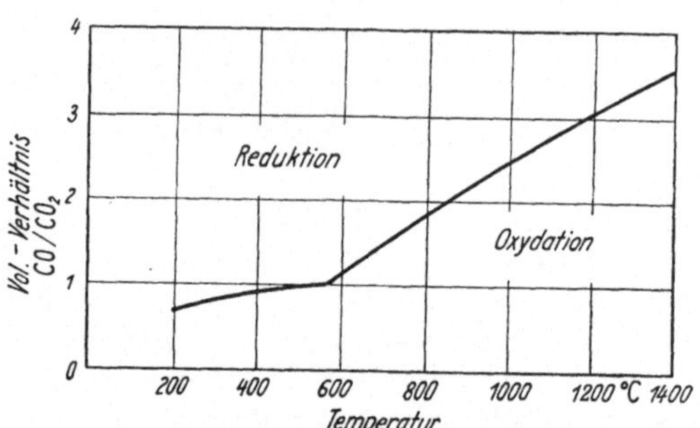

Abb. 39. Einfluß des Kohlensäuregehaltes bzw. des
CO:CO₂-Verhältnisses auf die Oxydbildung des Eisens.
(Nach HEILIGENSTAEDT [37])

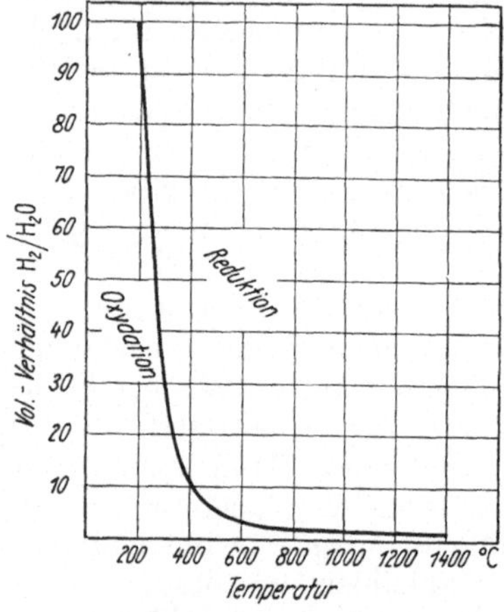

Abb. 40. Einfluß des Wasserdampfgehaltes
bzw. H₂:H₂O-Verhältnisses auf die Oxydbildung des Eisens [37].

gewachsen sind. Natürlich werden die Heiz- und Förderelemente bei den elektrischen
Öfen auch sehr stark beansprucht.

37. Schutzgase und Schutzgaserzeuger.[1] Das Löten im Schutzgasofen stellt
besondere Anforderungen an die Zusammensetzung der Ofenatmosphäre. Daß
Sauerstoff darin unbedingt zu vermeiden ist, weil er bei höheren Temperaturen mit
den Metallen störende Oxyde bildet, ist selbstverständlich. Oxydierend auf die
Werkstücke wirken aber auch Wasserdampf und Kohlensäure. Wasserdampf bildet
sich aus dem Wasserstoff des Schutzgases bei der Reduktion von Oxyden und der
Verbrennung der Sauerstoffreste, die z. B. im Mauerwerk oder in den Hohlräumen
der Lötteile eingeschlossen sind. Kohlensäure entsteht in ähnlicher Weise, wenn
Kohlenoxyd im Schutzgas enthalten ist. Die schädliche Wirkung beider Sauerstoff-
träger macht sich aber erst geltend, wenn ein bestimmtes Volumenverhält-
nis Wasserstoff:Wasserdampf (H_2:H_2O) oder Kohlenmonoxyd:Kohlendioxyd
(CO:CO_2) überschritten wird. Dieses Verhältnis in seiner zulässigen Größe ist jeweils von der Temperatur abhängig und beide Werte beeinflussen sich gegenseitig.

Aus den recht verwickelten Gleichgewichtsverhältnissen sollen nur zwei Grund-
regeln angeführt werden, weil sie für die Beurteilung von Lötergebnissen wichtig

---

[1] Siehe auch Werkstattbuch Heft 115: Schuster, Die Gaswärme im Werkstättenbetrieb.

sind. Mit steigender Temperatur wird das Eisen immer empfindlicher für den Angriff der Kohlensäure (Abb. 39) und unempfindlicher gegen Wasserdampf (Abb. 40). Besonders anfällig ist das Eisen gegen Wasserdampfangriff bei niederen Temperaturen, deshalb muß die Atmosphäre beim Abkühlen der Lötteile besonders trocken sein. Wenn die Lötteile in der Kühlkammer, namentlich an den nicht abgedeckten freien Oberflächen blau anlaufen, ist die Atmosphäre an dieser Stelle zu feucht.

Da Kohlensäure, Kohlenoxyd, Wasserstoff und Wasserdampf in der Atmosphäre gleichzeitig vorhanden sind, liegen die tatäschlichen Gleichgewichtsverhältnisse noch verwickelter. Grundsätzlich sind aber die aus Abb. 39 und 40 gewonnenen Erkenntnisse anwendbar.

Neben den Wechselwirkungen zwischen Schutzgas und Metalloxyden, die durch den Augenschein ohne weiteres erkennbar sind, spielt sich zwischen dem Werkstoff und der Ofenatmosphäre ein anderer Vorgang ab, der äußerlich nicht erkennbar, für die Güte des Werkstückes in manchen Fällen aber sehr wichtig ist: Das ist das Auf- oder Entkohlen des Stahles. Obwohl diese Reaktion bei den meisten Lötteilen nicht von Bedeutung ist, soll hier doch darauf hingewiesen werden. Die Gefahr einer Aufkohlung liegt im Lötofen selten vor, weil die hierzu neigenden Atmosphären teurer, schwerer herzustellen und im Lötofen nicht gebräuchlich sind. Dagegen wirken die im gewöhnlichen Schutzgas enthaltene Kohlensäure und in noch viel stärkerem Maße der Wasserdampf entkohlend auf die äußere Schicht des Werkstückes, deren Härte oft sehr wichtig ist. Der Wasserdampf verbindet sich nicht nur selbst mit dem Kohlenstoff des Stahles, sondern er beschleunigt auch noch den Angriff der Kohlensäure. Schutzgase für die Lötung von höher gekohlten Stählen oder eingesetzten Stählen sollten daher getrocknet und, wenn möglich, auch von Kohlensäure befreit werden.

Wenn ein geeignetes Schutzgas nicht zur Verfügung steht, kann man sich gegen die Entkohlung durch Abdecken oder eine galvanische Verkupferung der Stellen, die nicht entkohlt werden dürfen, schützen.

Soweit es sich um zu zementierende und einzusetzende, also aufzukohlende Teile handelt, ist es zweifellos richtiger, die Aufkohlung erst nach der Kupferlötung vorzusehen, denn die Lötstelle verträgt die Einsatztemperaturen ohne Schaden.

Beim Schutzgaslöten können verschiedene Atmosphären verwendet werden. Reiner *Wasserstoff* aus Flaschen ist als Schutzgas geeignet, besonders wenn er sauerstofffrei ist. Bekanntlich ist aber der Betrieb mit reinem Wasserstoff infolge der weiten Zündgrenzen sehr gefährlich und außerdem ist dies Gas aus Flaschen das teuerste Schutzgas. So hat es sich als Schutzgas nur für geschlossene Löträume und kleinste Anlagen einführen können.

Etwa halb so teuer ist das aus *Ammoniak* durch einfache thermische Spaltung hergestellte *Spaltgas*, das aus 75 Vol.% Wasserstoff und 25 Vol.% Stickstoff besteht. Auch dieses Gas ist auf Grund seines hohen Wasserstoffgehaltes noch sehr verpuffungsfreudig und es muß sorgfältig damit umgegangen werden. Es ist vor allem dort geeignet, wo Chrom–Nickel-Stähle behandelt werden müssen. Das Ammoniakgas (NH_3) wird in einer verhältnismäßig einfachen Anlage, in der für den Ofen gerade benötigten Menge durch einen auf $700 \cdots 900°$ C erhitzten Spaltkontakt geleitet und dabei in Stickstoff und Wasserstoff gespalten. Auf Grund dieser Herstellung ist das Spaltgas vollkommen wasserfrei, bevor es in den Lötofen eintritt. Auch die Aufbewahrung von Ammoniak ist einfacher und billiger als von Wasserstoff. Während in der üblichen Druckgasflasche nur 6 Nm³ Wasserstoff gasförmig gespeichert werden können, ist das Ammoniak in seiner Druckflasche flüssig, und eine Flasche mit 20 kg Ammoniak ergibt etwa 54 Nm³ Spaltgas. Der teure Flaschentransport, die Vorratshaltung von vielen Wasserstoff-Flaschen und die Ar-

beit durch den häufig notwendigen Wechsel der Flaschen erschweren das Arbeiten
mit Wasserstoff und sprechen für die Verwendung des in all diesen Punkten über-
legenen Ammoniaks.

Wasserstoffhaltige Gasgemische, also auch Spaltgas, verbrennen erst bei einem
Gehalt von weniger als $15 \cdots 20\%$ H_2 träge genug, um unter den Werkstattbedin-
gungen als harmlos gelten zu können, deshalb verbrennt man oft das Ammoniak
unmittelbar oder seine Spaltprodukte mit Luft soweit, daß nur noch die genannte
Menge von freiem Wasserstoff neben Stickstoff vorhanden ist. Da nun aber der
Wasserstoff bei der Verbrennung Wasserdampf bildet, müssen die Spaltgas-Erzeu-
ger neben der Einrichtung zum Spalten und zum Verbrennen des überschüssigen
Wasserstoffs Trockenanlagen besitzen, in denen das Verbrennungswasser wieder
entfernt wird. Für die meisten Lötaufgaben der Praxis wird auf diese Weise auch
die Spaltgas-Atmosphäre noch viel zu teuer und ist nur für Sonderaufgaben geeignet.

Gewöhnliches Leuchtgas ist als Schutzgas ohne Entfernung des Sauerstoffs und des Methans,
das unter Rußbildung im Ofen zerfallen würde, nicht geeignet. Auch die unbehandelten Ver-
brennungsprodukte eines Brenners mit sogenann-
ter „reduzierender Flamme" sind viel zu feucht,
um das Metall an der Oberfläche zu schützen.

Die billigsten Schutzgase werden aus
Stadtgas oder *Generatorgas* hergestellt.
Wo solche Gasanschlüsse fehlen, ist auch
Propan oder ein schwererer Kohlenwasser-
stoff als Ausgangsstoff für die Schutzgase
geeignet. Bei der Verwendung dieser Brenn-
gase wird in den Schutzgaserzeugern eine
unvollkommene Verbrennung durchgeführt, d. h. eine Verbrennung, bei der
weniger Luft zugeführt wird, als die voll-
kommene Umsetzung benötigt. Aus Abb. 41
ist ersichtlich, welche Abgaszusammen-

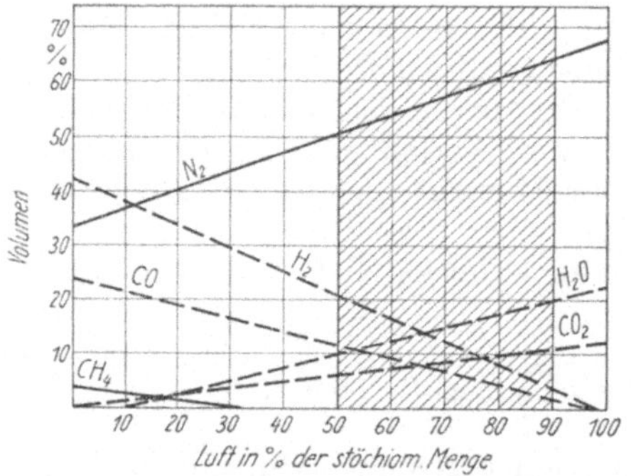

Abb. 41. Zusammensetzung der getrockneten Abgase
bei der unvollkommenen Verbrennung eines Stadtgases.

setzung bei der unvollkommenen Verbrennung von Stadtgas zu erwarten ist.
Das schraffierte Gebiet stellt den Arbeitsbereich der üblichen exotherm arbeitenden Schutzgaserzeuger dar. Der Luftsauerstoff wird restlos gebunden, das im
Ausgangsgas vorhandene Methan zum größten Teil gespalten und neben den
typischen Produkten der unvollkommenen Verbrennung (Kohlenoxyd und Wasserstoff) entstehen Kohlensäure und Wasserdampf.

Die *Feuchtigkeit* muß weitgehend entfernt werden. Man schlägt das Wasser
durch Kühlung nieder oder bindet es an Silicagel. Mit Leitungswasser kommt man
auf Taupunkte des Schutzgases von $+ 15°$ C, mit nachgeschalteten Silicagel-
trocknern auf $- 5°$ C und auf den gleichen Wassergehalt im kontinuierlichen Verfahren der Drucktrocknung, die in Deutschland in den letzten Jahren entwickelt
wurde.

Bei der *Drucktrocknung* wird das aus der Verbrennungskammer kommende, in
einen Rieselkühler auf Zimmertemperatur herabgekühlte und so vorgetrocknete
Gas von einem Kompressor zusammengedrückt (z. B. auf 7 ata). Das verdichtete
Schutzgas wird in einem Rohrkühler gekühlt. Da der Wasserdampfgehalt eines
Gemisches aus Gas u. Wasserdampf nur von der Temperatur und dem dabei herr-
schenden Wasserdampfdruck, aber nicht vom Gesamtdruck des Gemisches abhängig ist, enthält 1 m³ des verdichteten und gekühlten Gemisches bei
15° C höchstens 12,8 g Wasserdampf. Dies ist der Feuchtigkeitsgehalt des verdichteten Gases im Kühler. Alles darüber hinaus bei der Verbrennung ent-

standene Wasser scheidet sich im Kühler ab. Wenn nun 1 m³ dieses Druckgases von 7 ata wieder auf 1 ata und 7 m³ entspannt wird, dann dehnen sich die

darin enthaltenen 12,8 g Wasserdampf gleichfalls auf 7 m³ aus, d. h. 1 m³ Schutzgas von 1 ata und 15° enthält nur 1,83 g Wasser. Diese Wasserdampfmenge im Kubikmeter entspricht einem Taupunkt von — 12° C. Abb. 43 stellt schematisch die Arbeitsweise der in Abb. 42 gezeigten Anlage dar, die für einen Wanderofen von etwa 250×130 mm² Tunnelquerschnitt ausreicht.

Voraussetzung für das gute Gelingen der Schutzgaslötung ist die Herstellung einer reinen Metallfläche dort, wo sie vom Lot benetzt werden soll. Deshalb müssen die Schutzgase so zusammengesetzt sein, daß sie auch die schon vorhandenen Metalloxyde, namentlich in den der mechanischen Reinigung unzugänglichen Fugen, reduzieren können. Die verschiedenen Metalle stellen hier unterschiedliche Anforderungen an das Schutzgas.

In der überwiegenden Mehrzahl der Fälle können die Hartlötungen ohne Bedenken mit einfachem Schutzgas und ohne jedes Flußmittel vorgenommen werden. Dies trifft vor allem auf die wichtigsten Metalle zu, mit denen wir es zu tun haben, auf unlegierte Stähle, auf Kohlenstoff- und niederlegierte Stähle, auch auf Temperguß. Gerade weil die niedergekohlten Stähle hinsichtlich der Schutzgaszusammensetzung so anspruchslos sind, konnte sich das Ofenlöten so stark ausbreiten.

Stähle, die mit *Chrom* oder *Mangan* legiert sind, machen Schwierigkeiten bei Gehalten von 2% und mehr. Darüber wird die Legierungskomponente so empfindlich, daß ihr selbst das sonst stabile Kohlenoxyd der üblichen Schutzgase als Sauerstoffquelle dient. Man muß daher bei diesen Stählen mit Wasserstoff

Abb. 42. Schutzgaserzeuger zur Herstellung von 30³ Nm/h Schutzgas aus Leuchtgas mit Drucktrocknung (System: MAHLER—V. LINDE).
1 Brennkammer; *2* Waschkühler; *3* Kompressor; *4* Wärmetauscher; *5* O₂-Entferner; *6* Druckkühler; *7* Wasserabscheider.

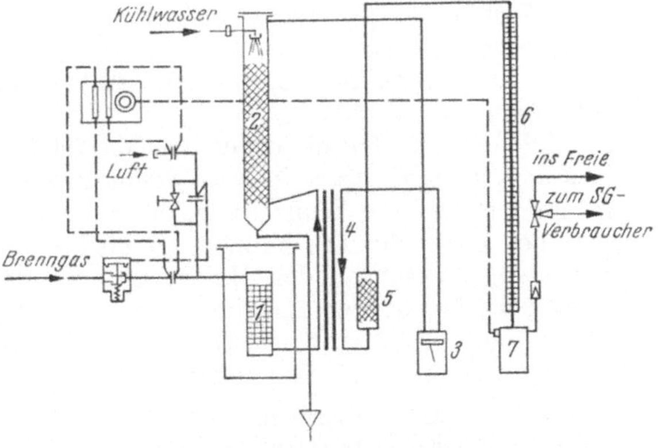

Abb. 43. Schema des obigen Schutzgaserzeugers mit Drucktrocknung. Schutzgas-Zusammensetzung, von Koksofengas ausgehend: H_2 : 25—0,5%; CO : 14—0,5%; CH : 1—0%; CO_2 : 2,5—10,5%; N_2 : Rest; H_2O : Taupunkt —8° C.

oder gespaltetem Ammoniak arbeiten, wenn man nicht vorzieht, eine leichte Flußmitteldecke bei gewöhnlichem Schutzgas zu verwenden.

Einige *Kupferlegierungen* erfordern eine weitgehende Schwefelfreiheit der Atmosphäre und andere, namentlich das *Messing*, sind gegen Kohlensäure empfindlich. Beim Löten von Messing ist daher eine ganz dünne Flußmitteldecke zu empfehlen, schon weil die niedrigschmelzenden Lote sehr empfindliche Legierungsbestandteile enthalten.

Ähnlich wie die legierten Stähle lassen sich auch die *Hartmetalle* in Wasserstoff und Ammoniakspaltgas ohne Flußmittel löten. Auch in gut getrocknetem Schutzgas aus Leuchtgas können sie meistens ohne Flußmittel gelötet werden.

Bei Schutzgasen aus teilweise verbranntem Leuchtgas oder Flüssiggas wird häufig eine dünne Flußmittelschicht zur Sicherung des Ergebnisses verwendet. Der Grund hierfür liegt in den Reaktionen, die zwischen Kohlensäure, Kohlenoxyd, sowie dem Wasserdampfgehalt der Atmosphäre einerseits und den Legierungsbestandteilen des Hartmetalls und des Trägerwerkstoffs andererseits noch möglich sind. Trotz der Verwendung eines Flußmittels hat die Anwendung von billigen Schutzgasen für die Hartmetall-Lötung noch so viele Vorteile, daß zur Schutzgaslötung im Ofen nur dringend geraten werden kann.

38. Vorbereitung der Lötstelle. Wenn die Lötung im Schutzgasofen einwandfrei ausfallen soll, so müssen bei der Vorbereitung und Ausbildung der Lötstelle einige einfache Regeln beachtet werden, die sich aus der Betrachtung des Lötvorganges leicht ableiten lassen. Grundsätzlich sind es die gleichen, schon beschriebenen Maßnahmen, die bei der einfachen Lötung angewendet werden.

Beim Ofenlöten fehlt die Nachhilfe des Flußmittels und die Möglichkeit. den Verlauf der Lötung zu beobachten und gefühlsmäßig zu beeinflussen. Das ganze Teil wird gleichmäßig erwärmt und gesäubert — nicht nur örtlich wie beim handwerklichen Löten —, so daß das Lot auf dem ganzen Werkstück verlaufen kann und daß Maßnahmen getroffen werden müssen, den Lotfluß auf die gewünschte Stelle zu beschränken.

Während das Lot auf polierten Oberflächen Tröpfchen bildet, verteilt es sich auf rauhen Oberflächen, z. B. auf solchen, die bei der Reduktion von gerostetem oder oxydiertem Material entstehen, außerordentlich gut. Diese Flächen können das Lot förmlich aufsaugen, und deshalb ist es zweckmäßig, die Lötstelle vor dem Aufbringen des Lotes von Rost zu säubern. Vor allem ist es wichtig, daß nicht mehr Lot genommen wird, als der Lötspalt aufnehmen kann. Teile, auf denen ein Kupferfluß unbedingt vermieden werden soll, können mit etwa 10%iger Chromsäure bestrichen werden.

a) Säuberung vor dem Löten. Von Rost säubert man die Oberfläche am besten durch Stahlkies. Beim Sandstrahlen bleiben Kiesteilchen zurück, die den Lötvorgang beeinträchtigen.

Nicht alle Stoffe, mit denen die Oberfläche der Teile während der Bearbeitung verunreinigt wird, lassen sich im Schutzgasofen restlos zersetzen und so entfernen. Oft hinterlassen sie Rückstände, die z. B. als dünne, unsichtbare Rußschicht den Lauf des Lotes hindern können. Auch bilden sich von stark verölten Teilen Ölschwaden, die sich an den Heizwicklungen der Öfen zersetzen und durch Koksbrücken zu Kurzschlüssen führen können. Grundsätzlich sollte man daher stärker verunreinigte Teile vorher säubern und Öle verwenden, die keine Rückstände bilden, sondern sich im Ofen restlos zersetzen.

Unbedingt zu vermeiden sind alle Ziehmittel, bei denen Schwefelblüte verarbeitet wird. Die sich bildenden Schwefelverbindungen zerstören die Chrom–Nickel-Heizwendel des Ofens, die bekanntlich sehr schwefelempfindlich ist. Auch der Zusatz von Schwermetallen und Schwermetallsalzen (Blei, Seifen, Staufferfett) zu Zieh- und Schmiermitteln kann nicht empfohlen werden, da die entstehenden Rückstände die Oberfläche verunreinigen.

b) Wahl der Lötpassung. Der Lötspalt saugt wie eine Kapillare das Lot auf (vgl. Abschn. 13, S. 21). Die Steighöhen einer Flüssigkeit in einem Spalt verhalten sich umgekehrt wie die Spaltweiten. Der Lötspalt ist nun eine, wenn auch unregelmäßige Kapillare, daher steigt auch hier mit enger werdendem Lötspalt die Kraft, die das flüssige Lot hineinsaugt. Die beim Schutzgaslöten verwendeten Lote sind bei der Löttemperatur sehr dünnflüssig und füllen selbst die engsten Zwischenräume aus. So steigt erfahrungsgemäß das Lot sogar noch in Treibsitzen bis zu 200 mm hoch, wobei ihm in erster Linie die von der Bearbeitung herrührenden und auch sonst in der Oberfläche vorhandenen, feinsten Rillen als Kanäle dienen.

Enge Spalte üben eine größere Saugwirkung aus als weite, darauf ist beim Zusammenbau der Teile besondere Rücksicht zu nehmen. Der engere Spalt beansprucht das Lot zunächst für sich und deshalb sollten auf enge Spalte in der Fließrichtung keine weiteren folgen (Abb. 44). Aus dem gleichen Grunde sollen die Spalte auch nicht unterbrochen werden, wie es namentlich an solchen Stellen oft geschieht, wo Rund- und Planflächen aneinanderstoßen.

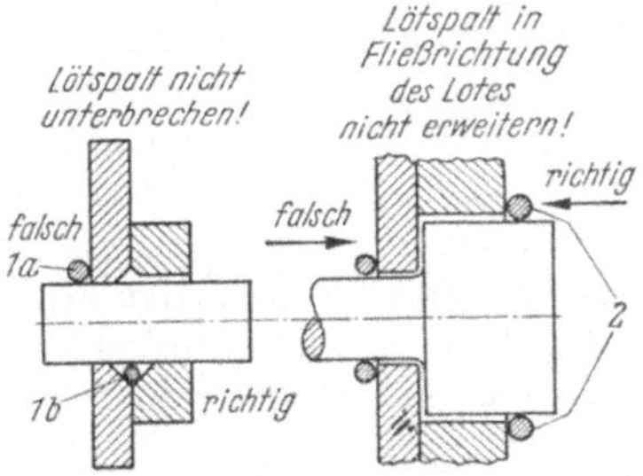

Abb. 44. Ausbildung des Lötspaltes und Anordnung des Lotes:
1a Das Lot kann die Aufweitung des Spaltes nicht durchdringen; *1b* Richtige Anordnung; *2* Das Lot muß zuerst dem weiteren Spalt zugeführt werden.

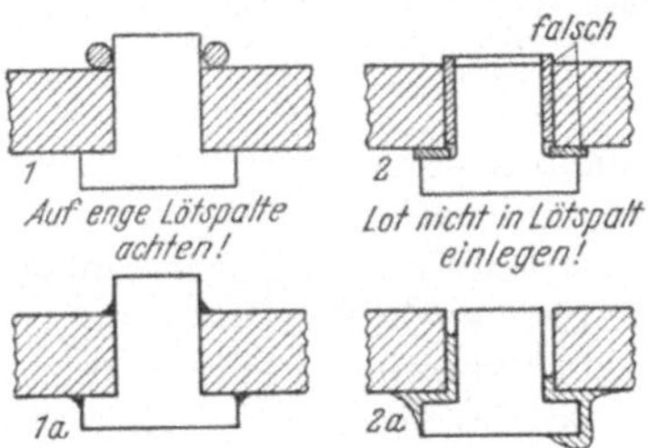

Abb. 45. Anordnung des Lotes am Lötspalt.
1 Richtige Anordnung neben dem Spalt; *2* Falsche Anordnung im Spalt; *1* u. *2* vor dem Löten; *1a* u. *2a* nach dem Löten.

Größere Hohlräume unterbrechen nicht nur den Lotfluß, sondern erfordern zum Auffüllen auch größere Lotmengen. Ganz falsch ist die Anordnung des Lotes im Spalt (Abb. 45 rechts). Der weite Spalt ist ganz unnötig. Er bedingt eine erhebliche Lotreserve, außerdem leiden Genauigkeit und Festigkeit der Verbindung und die Lötung wird unzuverlässig, weil der weite Spalt das Lot oft nicht halten kann.

Die Frage der besten *Lötpassung* ist Gegenstand umfangreicher Untersuchungen geworden. Man hat dafür besondere Passungstabellen aufgestellt, die in vielen Fällen ihre Berechtigung haben mögen. Leider ist durch sie aber in weiten Kreisen der Eindruck erweckt worden, daß die Ofenlötung nun eine besonders sorgfältige oder gar eine Feinstpassung voraussetze und schon dadurch ein kostspieliges Verfahren sei. Tatsächlich muß die Passung nicht enger sein, als sie bei den herkömmlichen Lötverfahren empfohlen wird. Treibsitze bieten beim Löten keine besonderen Vorteile. Bei ihnen besteht eher die Gefahr, daß die Welle frißt und das verschmierte Material eine auch für das Lot undurchdringbare Sperre bildet. Mit steilgängigen Verteilungsgewinden kann man dem abhelfen. Dagegen sind sehr enge Lotspalte, wie sie etwa ein Schiebesitz bietet, stets richtig. Bei Einheitsbohrung ist etwa h 8···h 11 richtig. Man kann den rechten Zusammenhalt für die Lötteile und gute Voraussetzungen für den Fluß z. B. auch durch Längsrändelung herstellen. Stets sollte der Konstrukteur auch prüfen, ob die Lötpassung nicht durch Verformung hergestellt werden kann, z. B. durch Aufweiten der Innenteile.

Abb. 46 zeigt zwei Beispiele für die Herstellung einer engen Lötpassung durch Verformen. In der linken Abbildung z. B. werden rippenartige Scheiben auf einem Rohr durch Aufweiten des letzteren befestigt. Dazu wird eine Kugel oder ein Dorn durch das Innere des Rohres getrieben oder gezogen, so daß sich die Außenfläche des Rohres aufweitet und den vorher zwischen den Scheiben und dem Rohr bestehenden Spalt verringert. Der Spalt kann dabei nahezu verschwinden. Da auch nicht die Gefahr eines Verschmierens besteht, wird er vom Lot vollkommen ausgefüllt.

Das rechte Beispiel zeigt die Anordnung von Verstärkungsaugen auf einem Stahlblech. Das Auge wird verhältnismäßig lose in die Bohrungen des Bleches eingesetzt und die Innenbohrung durch Eintreiben eines Dornwerkzeuges solange aufgeweitet, bis der Zwischenraum, der die Teile trennt, verschwunden ist.

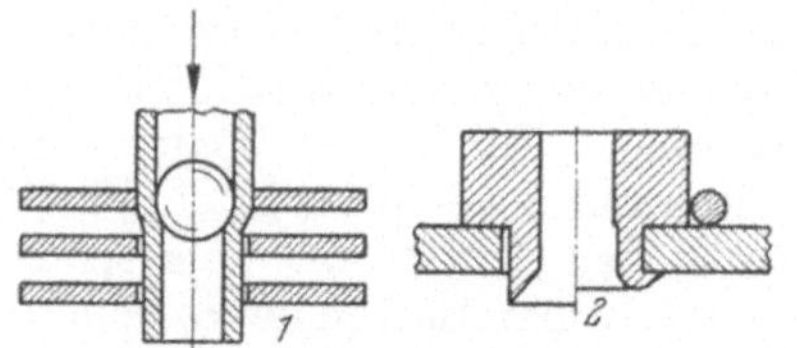

Abb. 46. Verengen des Lötspaltes durch Verformen. *1* Aufweiten eines Rohres zum Befestigen von Rippen; *2* Herstellung einer engen Passung an einem aufgesetzten Auge. (Links: loses Zusammenfügen; Rechts: nach dem Aufweiten umbördeln und ofenfertig beloten).

c) Sicherung des Zusammenhaltes der Lötteile. Es ist sehr wichtig, die Lage der Teile zueinander zu sichern, bis sie durch das erstarrende Lot verbunden sind. Die Beispiele Abb. 46 u. 47 lösen diese Aufgabe vorbildlich. Ansätze an Wellen, Bunde, die ein Verrutschen verhindern, Verstiften oder einzelne Schweißpunkte sind einige von den vielen Möglichkeiten. Oft treten jedoch Schwierigkeiten auf, wenn vermeintlich feste Sitze im Ofen nicht erhalten bleiben, weil die äußeren Teile schneller warm werden und sich stärker ausdehnen als die inneren. Man sichert sie durch Körnerschlag, Bunde oder ähnliche konstruktive Mittel. Zu beachten ist auch, daß Spannungen des Werkstoffs schon weit unterhalb der Löttemperatur verschwinden und daher zum Zusammenhalt der Teile nicht immer ausgenutzt werden können.

Mit Rücksicht auf Erschütterungen beim Transport der Teile zum und im Ofen muß das Lot unverlierbar angebracht werden (Abb. 47), damit es an der vorgesehenen Stelle verbleibt und nicht etwa an unerwünschter Stelle anschmilzt oder gar die Teile mit ihrer Unterlage oder die Teile untereinander verlötet. Für das Beloten der Teile sind *besondere Arbeitsplätze* zweckmäßig.

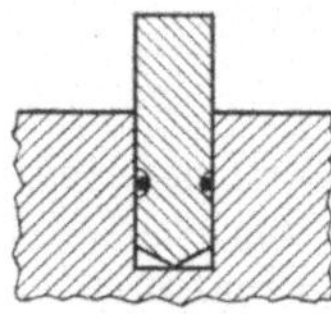
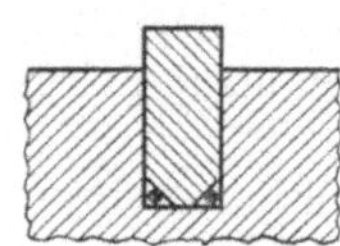

Abb. 47. Unverlierbares Anbringen von Lot im Lötspalt.

39. Lote.

a) Art und Anbringung. Zum Schutzgaslöten nimmt man bei Stahl in erster Linie reines Kupfer und Zinnbronze, bei Messing Silberlote, insbesondere die zinkfreien oder eutektische Kupfer-Phosphorlegierungen. Das Lot in Drahtform ist leicht in allen Stärken zu beschaffen, auch pulverförmige Lote, Lotstreifen oder -Folien sind gebräuchlich. Kupfer wird auch als sehr feines Pulver pastenartig angerührt. Benutzt man dazu einen Lackträger, z. B. Nitrolack, dann haftet das Lot auch in Lagen, in denen andere Lotformen versagen, weil das feste Lot herunter fällt oder das flüssigwerdende keine Berührung mehr mit dem zu verlötenden Metall findet. Lötpasten lassen sich mit einer einfachen Spritze, wie sie z. B. der Konditor zum Anbringen von Verzierungen verwendet, besser auftragen als mit dem Pinsel.

b) Die Festigkeiten, die sich schon durch Kupferlot erreichen lassen, sind sehr erheblich. Die Scherfestigkeit der Lötstelle ist meist größer als die Zerreißfestigkeit des Lotmetalls selbst. Wenn reines, geglühtes Kupfer eine Festigkeit von etwa 14 kg/mm² aufweist, so reißt die Lötstelle erst bei 20···25 kg/mm²; Grund: Im Kupfer löst sich beim Löten eine geringe Eisenmenge, von der wiederum ein sehr kleiner Teil beim Erkalten mit dem Kupfer legiert bleibt. Andererseits wachsen auch die Kristalle der zu verlötenden Metalle in die Lötstelle hinein und bei engerem Lötspalt sogar durch diesen hindurch (Abb. 48).

Bei neueren Loten auf der Basis Kupfer–Zinn (z. B. 8% Zinnbronze) verdoppelt sich die Festigkeit und kommt damit an die der zu verbindenden Metalle heran oder übersteigt sie. Daher reißen solche Lötverbindungen auch meist nicht in der Lötstelle sondern im Grundmaterial. Die neuen Lote haben überdies die Eigenschaft, größere Hohlkehlen zu bilden und bei sonst etwa gleichen Fließeigenschaften rd. 80° niederer zu schmelzen als Kupfer. Diese Temperaturspanne mag nicht groß erscheinen, bei den sehr hoch belasteten Heiz- und Förderelementen des Ofens trägt sie aber erheblich zur Schonung des Ofens bei. Das Dauerverhalten dieser Lote ist noch besser als das der schon an sich guten Kupferlötung (Abb. 49).

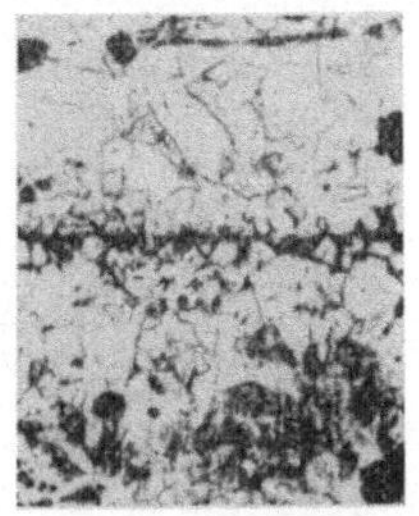

Abb. 48. Schnittbild einer im Schutzgasofen gelöteten Verbindung. 200fache Vergrößerung.

Auch die *Aufenthaltszeit* im Ofen hat einen Einfluß auf die Festigkeit der Lötstelle. Darüber liegen viele Forschungsarbeiten vor. Der Einfluß der Zeit ist aber nicht so groß, daß er den praktischen Ofenbetrieb wesentlich beeinflussen könnte. Man sollte aber selbst, wenn sich eine geringfügige Verbesserung ergeben sollte, die Teile nicht länger im Ofen lassen, als zum Löten nötig ist. Die Geschwindigkeit der Förderung kann also so groß gewählt werden, daß das Lot in der Heizzone noch mit Sicherheit zum Schmelzen kommt.

Im Gegensatz zu der Flammenlötung wird bei der Schutzgaslötung im Ofen nicht nur die Lötstelle und ihre nähere Umgebung der Temperaturbehandlung unterworfen, sondern das ganze Werkstück. Dadurch bleiben die Veränderungen des Materials infolge Wärmebehandlung nicht auf die Lötstelle beschränkt. So verlieren z. B. die Eisenteile ihre von der Kaltverformung herrührende Festigkeit, sie glühen aus, was meist kein Nachteil ist. Auch tritt bei langem Aufenthalt im Ofen ein Kornwachstum ein, das die Festigkeit ungünstig beeinflußt.

Aus der Löthitze kann übrigens auch unmittelbar zum Härten abgeschreckt werden, denn das Lot ist bei den hierfür in Frage kommenden Behandlungstemperaturen schon fest. Auch kann man die hartgelöteten Teile wie schon erwähnt wurde, im Einsatz härten.

40. Bedeutung der Ofenlötung. Jedem, der sich mit Fragen des Lötens befaßt, vor allem aber dem gestaltenden Techniker und dem Betriebsmann kann nicht dringend genug nahe gelegt werden, sich mit der Ofenlötung und ihren Möglichkeiten zu beschäftigen.

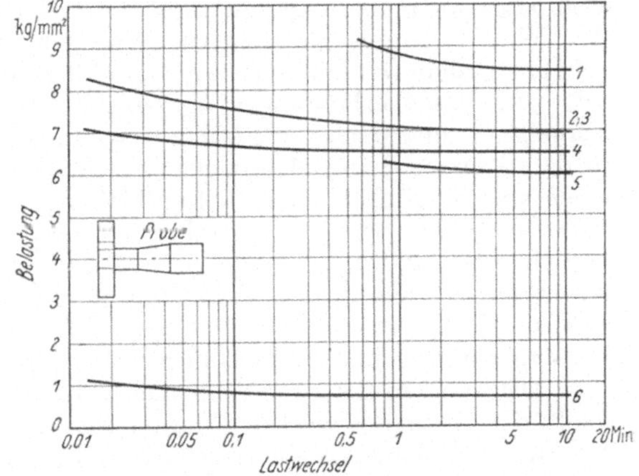

Abb. 49. Dauerdrehfestigkeit einer Kupferlötstelle an Achsenstahl C 60 (nach MEZGER, Werkstattstechnik u. Maschbau 1950, S. 309). *1* Gestaltsfestigkeit, Probe aus 1 Stück; *2 bis 5* gelötet; *2* Preßsitz, 0,02 mm Übermaß; *3* Glatter Sitz, 0,02 mm Spiel, *4* Glatter Sitz, 0 mm Spiel; *5* Glatter Sitz, 0,2 mm Spiel; *6* Preßsitz, 0,02 mm Übermaß, ungelötet.

Die Schutzgaslötung bietet der Fertigung große Einsparungsmöglichkeiten. Teile, die sonst nur mit großem Aufwand aus dem Vollen zu fertigen sind, werden aus einfachen Dreh-, Stanz- und Ziehteilen, Rohren oder Profilen zu einem Bruchteil der sonstigen Kosten zu einem Formkörper verbunden (Abb. 50). Oft decken die Ersparnisse an Werkstoff die gesamten Vorbereitungs- und Lötkosten, so daß das fertige Lötteil billiger ist als der Stangenabschnitt oder der Rohling bei zerspanender Bearbeitung. Freilich hängt der Erfolg in hohem Maße vom Konstrukteur ab, der die Dinge oft aus der Perspektive zu ändernder Zeichnungen und in Verbindung mit Wagnissen sieht, die er bei der Umstellung erprobter Teile eingeht.

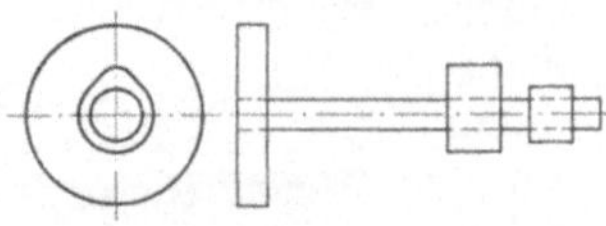

Abb. 50. Nockenwelle aus vier Einzelteilen, zusammengelötet.

Aber die Erfahrung hat auch gezeigt, daß die Überwindung dieser verständlichen Hemmungen viele Früchte trägt, daß oft Verbesserungen, fast immer aber Verbilligungen durch Übergang zum Ofenlöten möglich sind. Auch zieht die Umstellung des ersten Teiles mit Sicherheit weitere nach sich. So ist bei der National Registrierkassen Gesellschaft, der das Verdienst gebührt, die Schutzgaslötung in Deutschland erstmals angewendet zu haben, aus dem ursprünglichen Dutzend von Lötteilen im Laufe der Entwicklung die Zahl der Hartlötteile auf über 300 angewachsen. Angesichts der vielen ermutigenden Beispiele ist es heute kein großes Risiko, *Werkstücke auf Hartlötung* umzustellen, vor allem, nachdem es heute auch schon Lohnlötereien gibt, bei denen Kosten und Eignung neuer Hartlötteile ohne Wagnis ermittelt werden können. So geht heute auch oft der Weg zum eigenen Ofen über die Lohnlöterei.

Anhang:

Verleimen der Metalle.

Als Randgebiet des Verbindens mehrer Metallteile untereinander soll auch das Kleben oder Verleimen gestreift werden, weil es wahrscheinlich im Laufe der nächsten Jahre an Bedeutung gewinnen und in vielen Fällen dem Löten, insbesondere dem Weichlöten, als Wettbewerber entgegentreten wird.

Heute schon werden — vor allem im Flugzeugbau — in England und in Amerika sehr viele Klebverbindungen ausgeführt, die in vielen Fällen Nietung, Punktschweißung und auch die Lötung verdrängen. Die Festigkeitszahlen liegen z. T. in der Größenordnung der in der Weichlöttechnik üblichen. Die Scherfestigkeit einer amerikanischen Kunststoffverklebung im Langzeitversuch wurde vom Verfasser zu 1,2 kg/mm² ermittelt. Das ist wesentlich mehr als die Dauerstandfestigkeit einer Weichlötung. Werte bis zu 5 kg/mm² werden bei sorgfältiger Ausführung an dickeren Teilen erreicht. Es besteht hier weiterhin der beim Löten unerreichbare Vorteil, Metalle mit nichtmetallischen Werkstoffen zu verbinden.

Man unterscheidet drei Gruppen von Klebemitteln für diese Zwecke:

1. Die vulkanisierbaren, natürlichen oder synthetischen Gummi enthaltenden,

2. die thermoplastischen Kunststoffe, die bei einer bestimmten Temperatur bildsam werden und die als Klebestoffe in Lösungsmitteln gelöst oder in fester Form z. B. als Film unmittelbar angewendet werden,

3. die besonders bei erhöhten Temperaturen hart werdenden bakelitartigen Kunstharze, die in Lösungsmittel gelöst aufgebracht werden.

Diese vor einigen Jahren noch für unmöglich gehaltene Entwicklung ist durch den Siegeszug der Kunstharze möglich geworden.

Die zu verklebenden Oberflächen müssen sauber und trocken, besonders fettfrei sein. Die Entfettung in Kohlenwasserstoffen oder alkalischen Reinigungsbädern genügt. Das Klebeverfahren ist je nach Art des Kunststoffes und der Gasdurchlässigkeit der zu verbindenden Teile verschieden. Im folgenden wird der allgemeine Vorgang als Beispiel beschrieben: Wenn beide Flächen nicht gasdurchlässig sind und Wärme und Druck angewendet werden können, wird eine dünne Decke des Klebemittels auf beide Oberflächen aufgetragen. Dann wird bei den Thermoplasten unter Wärmeanwendung getrocknet und so das Lösungsmittel entfernt; die Teile werden schließlich in einer Presse 5···25 Minuten bei 2···40 Atmosphären unter 100···160° C zusammengepreßt. Wenn Pressen nicht verwendet werden können, genügt auch ein einfaches Zusammenklammern.

Bei gasdurchlässigen Stoffen wird der aufgetragene Bindestoff oberflächlich mit einer organischen Flüssigkeit angelöst, so daß die Schicht leicht klebrig wird und die Verbindung dann unter Druck, aber ohne Temperaturanwendung herbeigeführt werden kann.

Die heute bekannten Verfahren unterscheiden sich im wesentlichen in den Klebestoffen selbst, die zum Teil als Lösung, als Film, aber auch als Pulver oder in Strangform aufgebracht werden. Wenn heute schon im Flugzeugbau andere Verbindungsverfahren in erheblichem Umfang durch Kleben verdrängt werden, so ist zu erwarten, daß dieses Verfahren als unentbehrliches Verbindungsverfahren auch in der Spielzeug-, Haushaltwaren-, Automobilindustrie und in der Fernmeldetechnik einen bleibenden Platz gewinnen wird.

Empfehlenswerte und verwendete Schriften.

[1] BURKHARDT, A.: Blei und seine Legierungen — Zusammenfassende Darstellung der Eigenschaften. Berlin: Dr. G. Lüttke Verl.

[2] HALFAR, A.: Maßnahmen bei der Feuerverbleiung von Stahlblechen. Der Maschinenmarkt. Nr. 81, 8. Okt. 1952.

[3] LÜDER, E.: Löten und Lote. Berlin: Beuth Vertrieb.

[4] HOFMANN, W.: Blei und Bleilegierungen. Berlin: Springer 1941.

[5] BABLIK, H.: Das Feuerverzinken. Wien: Springer-Verlag.

[6] FRITZ, J. C.: Schweiß- und Lötstäbe mit eingebetteten Flußmitteln. Der Maschinenmarkt, Nr. 44, 31. Mai 1952.

[7] Bänninger G. m. b. H., Gießen[1].

[8] Perkeo-Werk GmbH, Ludwigsburg, Württ.[1]

[9] Federated Metals Division- American Smelting and Refining Company, New York[1].

[10] Zinkberatungsstelle GmbH.

[11] Kester Solder Company, Chicago, USA[1].

[12] SEULEN, G.: Induktions-Lötanlagen für Fahrradrahmen, Elektro-Anzeiger, Essen, Nr. 5, 4. Febr. 1950, S. 47.

[13] SCHAFMEISTER, P. und H. SCHOTTKY: Das Löten legierter Stähle. Essen. Metalltechnik XVIII. Nr. 2.

[14] Degussa, Deutsche Gold- und Silber-Scheideanstalt, Frankfurt/M.[1]

[15] Wieland-Pforzheim[1].

[16] Handy & Harman, New York[1].

[17] Castolin-Schweißmaterial AG., Lausanne[1].

[18] BEUTEL, H.: Löten und Warmbehandlung von Hartmetall-Werkzeugen. Werkstatt und Betrieb 85. Jahrg., Okt. 1952, Heft 10, S. 505.

[19] KREKELER, K., u. RÜDIGER, O.: Über das Hartlöten von Hartmetall auf Stahl. Sonderdruck aus Technische Mitteilungen.

[20] GÖNNER, O.: Hartmetallbestückte Schneidwerkzeuge für die spangebende Metallbearbeitung. Ind. Anz., Essen Nr. 11, Febr. 1950.

[21] Bimetallische Lötfolie für Hartmetall-Verbindungen. Wochenausgabe Technik und Forschung, Nr. 153 (38), 4. Okt. 1950.

[22] Friedrich Krupp, Widia-Fabrik, Essen[1].

[23] Fr. Kammerer Aktiengesellschaft, Pforzheim[1].

[24] Handy & Harman Bulletin Nr. 11 — A[1].

[25] AEG-Elotherm G. m. b. H., Remscheid[1].

[26] Ultraschall-Löten — Entfernung der Aluminium-Oxydhaut ohne Flußmittel. Deutsche Ausgabe der Aluminium News Jahrg. 5, Juni 1952, Nr. 6.

[27] HAAS, M.: Aluminium-Taschenbuch. Aluminium-Zentrale GmbH Düsseldorf.

---

[1] (Firmenschriften.)

[28] Rostowsky, L.: Löten von Aluminium. Z. Aluminium, Jahrg. 28, Jan./Febr. 1952, Heft 3.
[29] Wenk, P.: Aluminiumlöten mit Ultraschall. Sonderdruck aus der Siemens-Zeitschrift, 26. Jahrg. April 1952, Heft 3.
[30] Ultraschall-Lötgerät für Aluminium. — Elektro-Anzeiger, 6. Nov. 20.
[31] Simon, G.: Neuzeitliche elektrische Widerstandsöfen und Schutzgaseinrichtungen. AEG-Sonderdruck aus „Elektrotechnik und Maschinenbau", Heft 11/12, 1940.
[32] Claus, W.: Destillationserscheinungen beim Hartlöten mit Zink-Kupferlegierungen. Mitteilungen der Deutschen Gesellschaft für Metallkunde, 23. Jahrg., Heft 8, Aug. 1931
[33] Hartlöten im Durchlaufofen. Maschinenbau — Der Betrieb, Band 18, Heft 7/8, April 1939.
[34] Webber, H. M.: Artikelfolge in „The Iron Age", 1936, 38 u. 39.
[35] Tamele: Neuere Entwicklungen in elektrischen Blankglühöfen. Elektro-Wärme Nr. 101, 1. Jan. 1934.
[36] Mezger, W.: Zusammenbau von Stahlteilen zum Hartlöten im Schutzgasofen. Werkstattstechnik und Maschinenbau, Sept. 1950, S. 309.
[37] Heiligenstaedt: Wärmetechnische Rechnungen. Verlag Stahleisen m. b. H./Düsseldorf.
[38] Bilart, A.: Métaux Band 11 (1936) S. 249, 250.
[39] Greger, E.: Apparatebau Band 48 (1936) S. 249.
[40] Esser, H., F. Greis u. W. Bungardt: Arch. Eisenhüttenw. Band 7 (1933/34) 385, S. 9.